1989—2013

华中农业大学学生风景园林作品集

主　编　高　翅
副主编　秦仁强　吴雪飞

U0291323

中国建筑工业出版社

图书在版编目（CIP）数据

华中农业大学学生风景园林作品集/高翅主编. —北京：
中国建筑工业出版社，2013.10

ISBN 978-7-112-15964-2

Ⅰ．①华… Ⅱ.①高… Ⅲ.①园林设计—作品集—中
国—现代 Ⅳ.①TU986.2

中国版本图书馆CIP数据核字（2013）第238278号

责任编辑：郑淮兵　王晓迪
责任校对：姜小莲　刘梦然

华中农业大学学生风景园林作品集
主　编　高翅
副主编　秦仁强　吴雪飞
＊
中国建筑工业出版社出版、发行(北京西郊百万庄)
各地新华书店、建筑书店经销
中新华文广告有限公司制版
北京方嘉彩色印刷有限责任公司印刷
＊
开本：787×1092毫米　1／16　印张：10¾　字数：385千字
2013年10月第一版　　2013年10月第一次印刷
定价：108.00元
ISBN 978-7-112-15964-2
（24747）

中華詩畫造空間

中華詩畫造空間
綜合效益化詩篇
借景異宜觸深情
人與天調美無邊

华中农业大学
风景园林系
全体师生员工惠存
时在丁亥中秋节

孟兆桢书

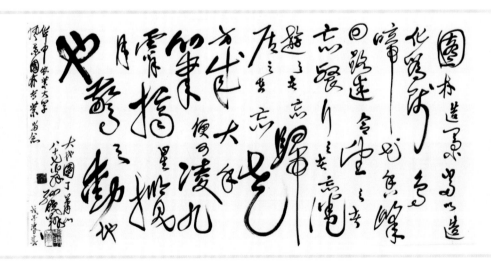

园林造景当以造化为师
鸟啼花香
峰回路迷
令望之者忘餐
行之者忘倦
游之者忘归
居之者忘老
方成大手笔
便可凌九霄
摘星揽月
惊天动地也

华中农业大学
风景园林专业留念

大地园丁萧山
八十七翁孙晓翔
戊子暮春

代　序

华中农业大学风景园林学科肇端于20世纪三四十年代的造园组，其时云集了知名学者陈俊愉、余树勋、陈植（养材）、鲁涤非等老一辈园林学家。1985年开办观赏园艺专业，1986年园林植物学科（园林植物与观赏园艺）获准招收硕士研究生，1993年增设园林规划设计专业，1995年开办风景园林专业（1998年国家本科专业目录调整后按城市规划风景园林方向招生），2003年园林植物与观赏园艺学科获得博士学位授予权，2005年成为首批风景园林硕士（MLA）专业学位研究生培养试点单位，2007年经教育部批准恢复风景园林本科专业，2009年获批湖北省品牌专业（立项建设），2011年获风景园林学一级学科博士学位授予权，2013年风景园林学获批湖北省重点学科。

为了回答如何在全球化背景下培养我国新时期风景园林建设需要的风景园林工作者这一命题，在调研分析和总结办学历史的基础上，在传承办学历史积淀的同时又创造性地发展风景园林专业教育成为共识，将本专业定位于主要培养具有良好的综合素质、较强的实践能力和创新精神的高层次风景园林规划设计、研究与管理人才，在此基础上制定了新的人才培养目标和方案。

1. 指导思想

风景园林专业是综合性很强的学科，因此，人才培养要坚持通过分析和总结华中农业大学风景园林系的办学历史，以史为鉴、面向未来，本着"全球视野、本土行动、特色发展"的办学理念，坚持将"艺术与科学交融、人文与理工渗透、理论与实践融通、传承与创新并重、为人与为学统一"的原则，探索培养"基础宽宏、专业精诣、个性鲜明"的复合型创新人才，使学生具有较宽广的知识面和较强的形象思维与抽象思维能力，能够在根植于人类文化传统和自然系统认知的基础上形成概念、协调关系、规划设计、创造风景园林作品和风景园林建设与管护的能力。

2. 培养目标

要求学生理解风景园林的营建、使用和管理是可持续发展与人类幸福安康的基础，掌握风景园林学科的基本理论，重点掌握在尊重并调和人的社会、文化以及行为和审美需求基础上改善自然和人工环境质量的理论和方法，具备公共空间设计、风景园林绿地系统规划和各类型风景园林绿地规划设计及工程建设与管理的能力，各种尺度下综合协调运用软、硬质风景园林要素(Integration of Hard and Soft Landscape Architectural Elements)分析解决问题的能力，是为华中农业大学风景园林人才的"看家本领"。

3. 复合的知识、能力和素质基本要求

1) 掌握风景园林学科的基本理论、基本知识，了解风景园林学科发展动态；

2) 掌握与风景园林学科相关的知识，具备综合分析与协调解决问题的能力；

3) 掌握风景园林艺术原理和设计理论与方法；

4) 掌握风景园林工程材料、方法、技术、建设规范和工程管理要求；

5) 具有风景园林规划设计、管理、调查、研究和实践的能力；

6) 具有信息技术和计算机应用能力；

7) 熟悉风景园林公共政策与法规；

8) 具有良好的团队与合作精神、组织与协调、沟通与交流能力；

9) 树立社会主义核心价值观，遵守职业道德规范。

4. 博专有度的课程体系

风景园林专业学科的综合性从某种程度上决定了其多样性，也为培养个性化的人才提供了可能性。为此，需要在准确把握学科内涵、发展趋势与要义的基础上，构建既有共性要求又能满足学生兴趣与志向，有利于个性发展，有助于学生终生学习、提高可持续发展能力的课程体系。按照"基础宽宏、专业精诣、个性鲜明"的原则，减少必修课、增加选修课。必修课中的学科基础课拓展到建筑学、城市规划、生态学、工程学、美术、制图学、园林植物学等学科；专业课按照艺术原理、规划、设计、工程技术和史论5个板块进行有效整合，课程教学目标更加明确，避免交叉重复或遗漏；选修课按照文化类、艺术类、技艺类、自然类、规划设计类和经济管理类设置6大模块，供学生自主选择，学生在达到每个模块的最低学分要求的基础上，再结合个性和兴趣聚焦选择一两个模块，使知识结构既有宽度又有厚度和深度。选修课不降低课程深度和广度，如文化艺术类与广告学、艺术设计、社会学专业，经济管理类课程同工程管理专业等学生统一要求，摒弃了诸如概论类的泛泛了解，激励学生自主学习提高的同时也促进了学生间的相互学习与交流。

5. 梯度设计的实践体系

风景园林是实践性很强的职业前高等教育，华中农业大学风景园林专业以缩小学生"眼、手、脑"三者之间的差距为目标，强化实践教学，按照循序渐进的原则构建实践教学体系。除了明确每一门课程实践（实习、studio work等）的教学目标和教学内容与要求外，还将4年梯度设计了风景园林认知、风景园林综合实习、风景园林专题调研、风景园林师业务实践和毕业设计5个阶段的风景园林实践教学内容，从对风景园林的感知到感悟、分析、研究逐步走向业务实践。风景园林认知主要安排在低年级，培养学生对风景园林、空间、尺度和景素的感知能力和对环境的敏锐反应或称敏感性；风景园林综合实习是在掌握了一定理论的基础上综合体验风景园林，突出从宏观到微观的逻辑分析和把握能力的训练，让学生在具体的风景园林环境解读中通过观察、体验、记录、比较、分析、思考掌握风景园林场所特质，了解人的行为模式与空间需求、学习设计手法；风景园林专题调研是以团队为单位的学习方式，具有共同研究兴趣的同学在教师指导下以小组为单位针对风景园林理论与实践进行专题调查研究，以培养研究能力和团队精神为主旨；风景园林师业务实践从问题入手，通过风景园林实践活动了解操作实务，进一步理解风景园林是解决问题的社会艺术，主要在设计机构和教师工作室完成，是专业教育的顶峰体验（Capstone Experience），也是毕业前的职业体验与教育；毕业设计突出综合性和难度与深度要求，进一步提高综合分析问题、解决问题的能力和成果表达能力。

6. 一以贯之的条件支撑

长期以来，华中农业大学风景园林专业教学一直坚持每自然班有专用制图室，美术与设计类坚持每自然班由不少于2名教师执教，学生在与老师的互动与交流中教学相长，系馆景园楼设有展廊，为师生的作品展示与交流提供了便捷的空间与环境。华中农业大学校园占地5km²，三面环水一面临山，良好的自然与人文环境为风景园林学生的实践环节提供了得天独厚的教学资源，学生基本可以在校园内实现园林空间与环境的基本认知，校园园林建设工程可以实现由教师主持，学生参与从相地到施工、管理的全程。从实践中让学生不断感受到尊重自然、尊重文化，相地合宜、因地制宜地综合运用多种风景园林要素特别是自然要素艺术地创造适宜的空间与环境。

在经济全球化的时代，如何培养具有文化自觉与文化自信，具有高尚道德情操和高度社会责任感的未来风景园林人才，用尊重人的社会、文化、自然和审美需求的方法进行规划和设计；用生态平衡的方法保证建成环境的可持续发展；营建珍视和表现地方文化的风景园林进而为人们提供具有良好质量的环境将是一个不断探索的过程。

（原文《华中农业大学风景园林专业人才培养的实践与思考》刊发于《中国园林》2009年第2期，此处有删减。）

高翅
于狮子山

谨以此选集献给历代华农景园人和长期以来关注、关心、支持、帮助华农景园的各界人士和友人！

目　录

美术基础

设计基础

规划设计

毕业设计

后记

美术基础

结构素描

美术基础系列课程是建立专业审美认知基础与绘画技法能力的保证，是对脑、眼、手能力的一种综合训练，旨在培养学生敏锐的观察能力、深刻的理解分析能力、不竭的创造能力和准确生动的表现能力。

课程分为素描、色彩基础美术阶段，钢笔画、中国画提高阶段，设计表达绘画应用阶段等3个教学板块。通过"教学专业化、作业数量化、数量质量化、任务成果化"，使学生掌握不同绘画门类的理论与基本绘画技法，循序渐进地提高审美认知、技法与艺术、专业应用的综合美术素质。

美术基础课程指导教师：秦仁强　宋南　周欣　黄艳　洪勇辉

素描·通过学习几何形体、静物、室内环境、自然风景、建筑及配景的一般画法，观察并掌握绘画的感性造型表现语言技巧，加强学生对外部世界的认识与理解，学会对各种复杂形体的概括和绘画语言应用，训练与提高空间结构、光影质感、场景透视、造型特点、画面意境等素描绘画表现能力。

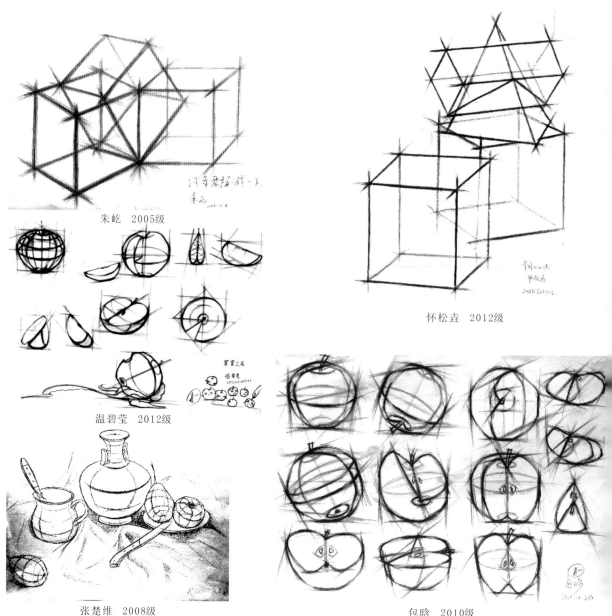

朱屹　2005级

温碧莹　2012级

怀松垚　2012级

张楚维　2008级

包晗　2010级

汪曼迪　2010级

张艺佳　2011级

陈亦茹　2010级

黄珊　2009级

何雨晴　2012级

沈海琴　2006级

李想　2006级

汤晗林　2007级

静物素描

张炜　2003级

童俊　2005级

姜珊　2012级

邢思捷　2006级

季芳华　2003级

姜鹏　2010级

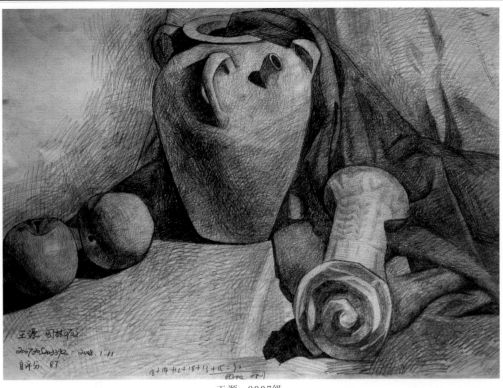

王源　2007级

李敏　2010级

刘羽波　2011级

杨桐　2010级

宗琮　2008级

静物素描

郑欣 2012级

乔娇 2012级

杨妮 2008级

沈晓萌 2012级

邓韦呈 2012级

李丹　2010级

孙媛婧　2005级

解嘉华　2010级

李岳　2010级

刘晓玲　2011级

风景素描

张玲辉　2011级

黄昭键　2011级

庄林劼　2011级

柳超强　2005级

陈楚熙　2012级

黄韵　2011级

朱磊　2011级

陈媛　2011级

郭书毓　2012级

梁方霖　2007级

包晗　2010级

风景素描

李晓　2009级

姜珊　2012级

冯敏　2009级

李佳佳　2011级　　　　　　王言　2012级　　　　　　李维飞　2011级

罗欢　2011级

戴慧玲　2010级

贺雨晴　2011级

陈茹　2008级

赵家旭　2009级

怀松垚　2012级

余青怡　2011级

刘羽波　2011级

色彩静物

戴慧玲　2010级

谈洁　2010级

孙歆韵　2008级

邓玮呈　2012级

冯灵慧　2005级

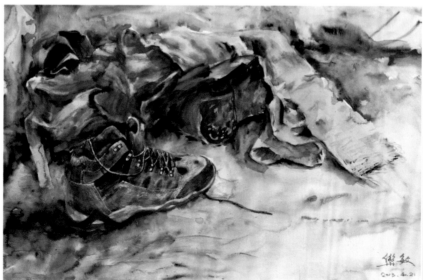

刘乐敏　2010级

金雨舟　2012级

沈晓萌　2012级　　　　　刘畅　2012级　　　　　姜鹏　2010级　　　　　胡雪芹　2007级

色彩·通过学习色彩理论知识，结合技法训练，掌握静物、室内环境、自然风景与人文景观的一般画法，熟练掌握色彩的各种绘画语言表现技巧，达到熟练运用水溶性色彩颜料（水彩、水粉）独立进行风景绘画创作的能力。

艾韦位　2012级

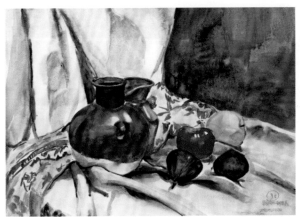

郝思嘉　2008级

陆成龙　2009级

陈茹　2009级

色彩静物

张苁　2008级

闫露　2011级

周茜倩　2010级

詹飞　2010级

孙菲敏　2008级

魏雨菲　2011级

刘进 2008级　　　　王琪 2009级　　　　王坤 2008级

邵莉 2007级

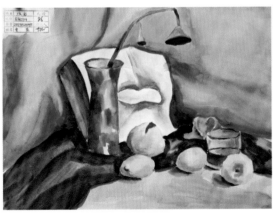

房伯南 2012级　　　　王坤 2008级

色彩风景

范曦然　2007级

古元园　2011级

沙田　2011级

陈嘉琪　2006级

陈菊敏　2011级

黄韵　2011级

孙菲敏　2008级

杨嘉杰　2006级

侯建卫　2010级

黄昭键　2011级

胡俊　2007级

潘诗卉　2011级

刘海舟　2007级

色彩风景

陈琴 2009级

季佳莹 2009级

邓鑫桂 2009级

杨攀 2010级

顿欣然 2011级

邓玮呈 2012级

周小珏 2006级

赵礼梅 2007级

宋捷 2012级

吴倩玉 2011级

牟怡 2011级

李昊天 2008级

梁方霖 2007级

王晨秋子 2011级

黄粲 2009级

包晗 2010级

汪伦 2011级

刘雪花 2010级

钢笔画

吕聪　2008级

张婷　2011级

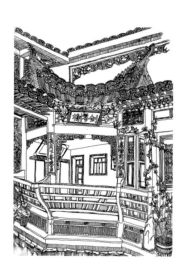

王翚　2005级

张浴涵　2005级

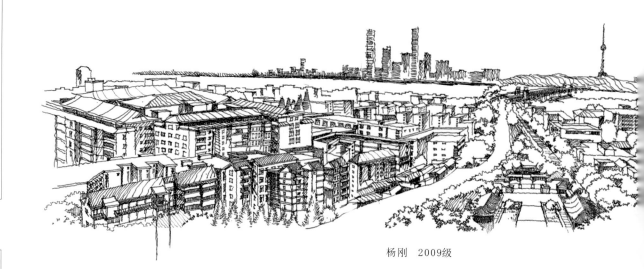

杨刚　2009级

帅雅琨 2005级

钢笔画 · 以钢笔风景速写为基础，结合钢笔的特点和运用技法，立足风景绘画学习，培养学生对钢笔绘画技法的理解与对客观事物的观察分析能力，研习用钢笔准确生动描绘客观事物的绘画过程。

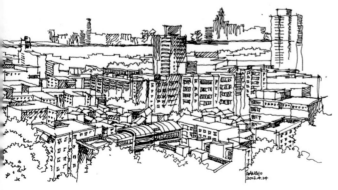

熊锦呈 2009级

钢笔画

李丹　2010级

贺艳　2003级

孙莺沙　2005级

娄飞　2005级

万迁　2004级

陈雪娟　2005级

段小玲　2005级

于丽萍　2011级

钢笔画

李莎莎　2005级

童俊　2005级

秦帅　2006级

包维红　2011级

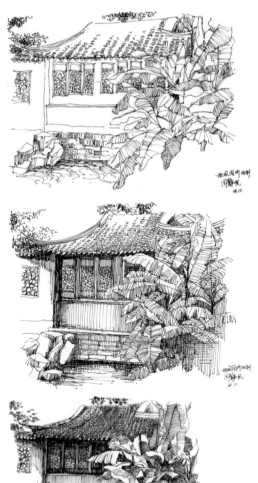

孟庆诚　2005级　　　　　　　　　　　周静帆　2005级

设计表达

设计表达·以设计思维、设计表现为基础，结合设计表达的特点和技法，是对设计创意思维、设计草图思维、设计综合表现等不同表现阶段过程的思维与应用相结合的能力训练。是培养学生的创意分析能力、草图绘画能力和准确生动的综合效果表现能力，要求掌握钢笔、彩色铅笔、马克笔、水彩、水粉、计算机等绘画工具的基本表现技巧。

黄兰 2003级

黎小龙　2005级

设计表达

徐文慧　2009级

汪曼迪　2010级

季佳莹　2009级

杜佳琳　2010级

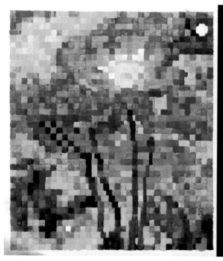

李菁凡　2009级

张小红　2009级

韩煦　2008级

陈赟皓　2008级

鲁甜　2008级

边彩艳　2008级

周怡　2008级

张浩然　2008级

林微微　2008级

陈晓燕　1996级

陈辰　2005级

叶坤　2005级

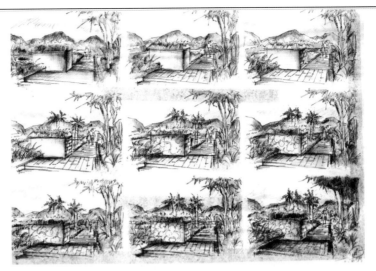

方凌波　2010级

马方芳　2006级

蔡婷　2007级

陈灿龙　2007级

蔡秋阳　2010级

秦进　2005级

张敏　2005级

张媛　2006级

刘静波　2006级

许杉　2004级

中国画

包维红　2011级

彦海琛　2008级

中国画·立足山水画教学，培养学生对传统绘画技法的理解分析能力，研习传统绘画针对客观事物的观察与创造过程和准确生动的艺术表现能力，熟悉传统水墨山水艺术的造型思维理念。

吴佳雨　2008级

刘玉玲　2010级

刘乐敏　2010级

设 计 基 础

单色渲染

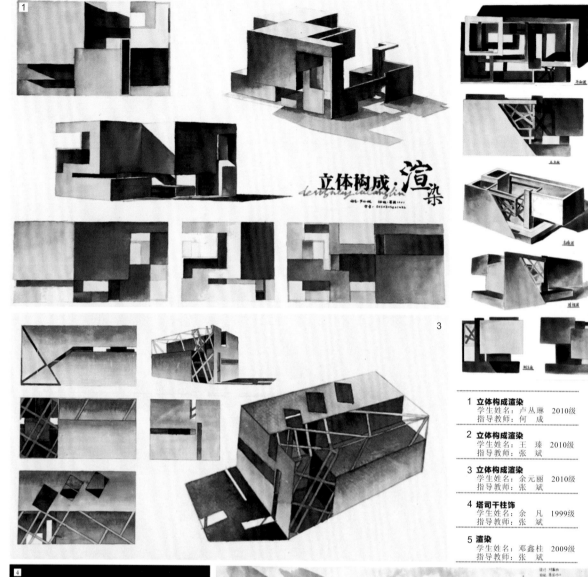

立体构成·渲染

渲染

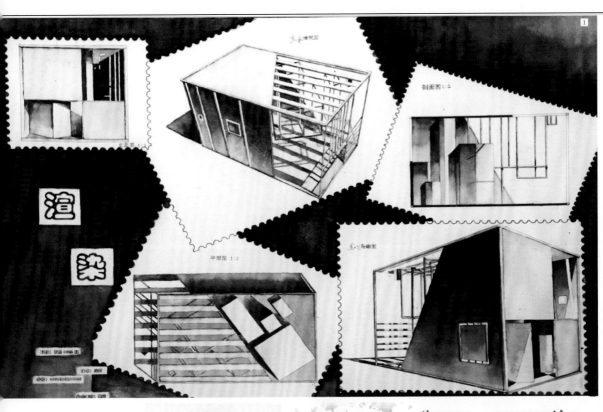

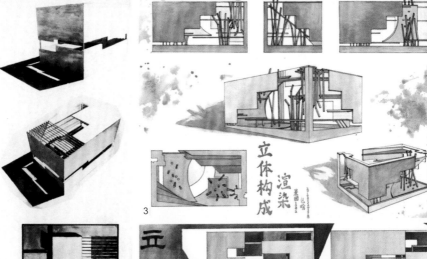

设计基础是提供风景园林专业认知，培养专业制图、表现能力的课程。要求学生掌握制图基本知识，建筑制图、园林制图的规范、内容和技法。

通过平面设计和模型制作，训练用构成手法进行理性构思的设计思维方法，初步掌握设计效果图的表达技法。通过建筑及环境初步设计的训练，认识设计所涉及的基本问题，初步掌握建筑及环境设计的基本方法。

1 渲染
学生姓名：陈 茹 2009级
指导教师：汪 民

2 立体构成渲染
学生姓名：邱莉陶 2009级
指导教师：张 斌

3 立体构成渲染
学生姓名：包 晗 2010级
指导教师：何 成

4 立体构成渲染
学生姓名：方凌波 2010级
指导教师：何 成

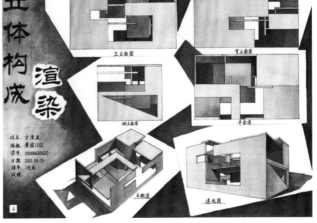

彩色渲染

1 校门建筑渲染
　　学生姓名：熊　宇　2005级
　　指导教师：汪　民

2 色彩渲染
　　学生姓名：付晶晶　2002级
　　指导教师：汪　民

3 水彩渲染练习
　　学生姓名：梁如煜　1992级
　　指导教师：高　翅

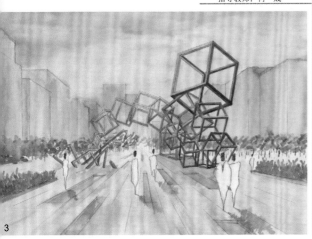

1 **建筑淡彩渲染**
学生姓名：张天骋 2009级
指导教师：汪 民

2 **清式垂花门**
学生姓名：吴培青 2008级
指导教师：张 斌

3 **色彩渲染**
学生姓名：汪曼迪 2011级
指导教师：何 成

平面构成

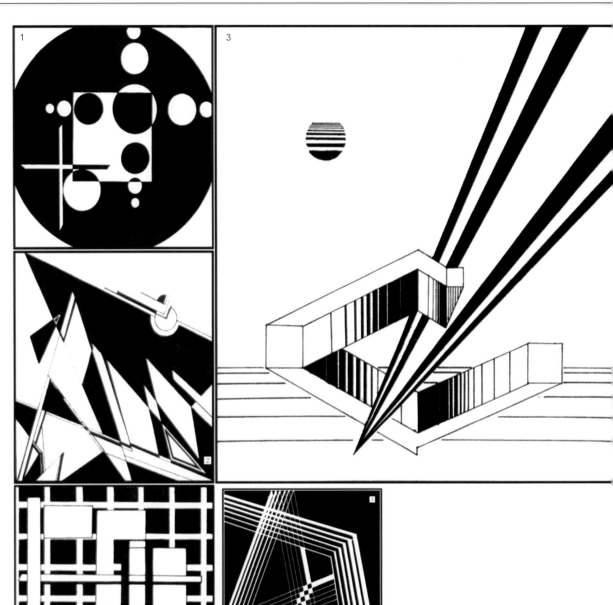

1 **平面构成**
　　学生姓名：宋中英　199
　　指导教师：高　翅

2 **平面构成**
　　学生姓名：邢　燕　200
　　指导教师：王宇欣

3 **平面构成**
　　学生姓名：周志远　200
　　指导教师：王宇欣

4 **平面构成**
　　学生姓名：秦　莹　200
　　指导教师：汪　民

5 **平面构成**
　　学生姓名：梁如煜　199
　　指导教师：高　翅

色彩构成

1 **色彩构成**
　学生姓名：杨艺源　2003级
　指导教师：王宇欣

2 **色彩构成**
　学生姓名：罗　倩　2001级
　指导教师：王宇欣

3 **色彩构成**
　学生姓名：张松子　2006级
　指导教师：丁静蕾

4 **色彩构成**
　学生姓名：张俊伟　2005级
　指导教师：丁静蕾

5 **色彩构成**
　学生姓名：卢晓克　2005级
　指导教师：张　斌

立体构成

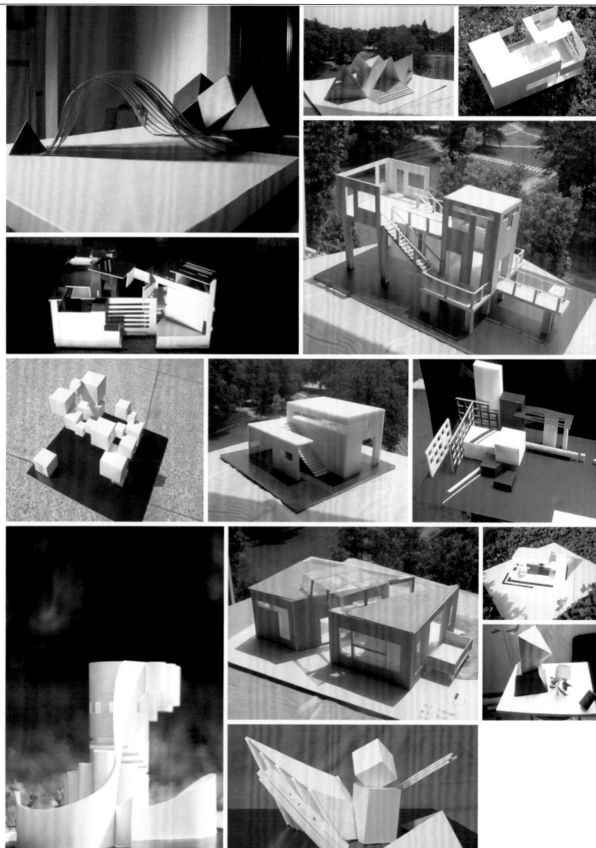

园林抄绘

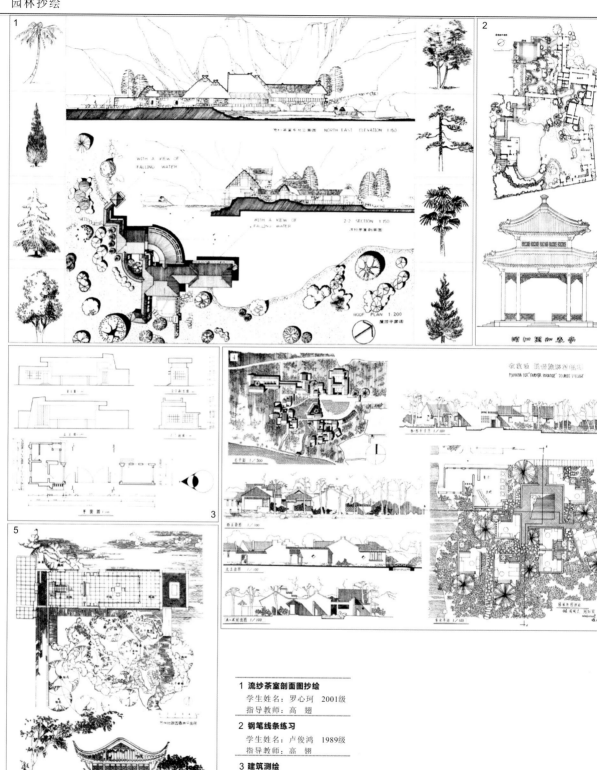

1 流纱茶室剖面图抄绘
　　学生姓名：罗心珂　2001级
　　指导教师：高　翅

2 钢笔线条练习
　　学生姓名：卢俊鸿　1989级
　　指导教师：高　翅

3 建筑测绘
　　学生姓名：耿树云　1993级
　　指导教师：杜　雁

4 民俗旅游村抄绘
　　学生姓名：刘际星　2004级
　　指导教师：李　松

5 拙政园香洲建筑抄绘
　　学生姓名：袁　巍　2002级
　　指导教师：张　斌

建筑测绘·建筑初步设计

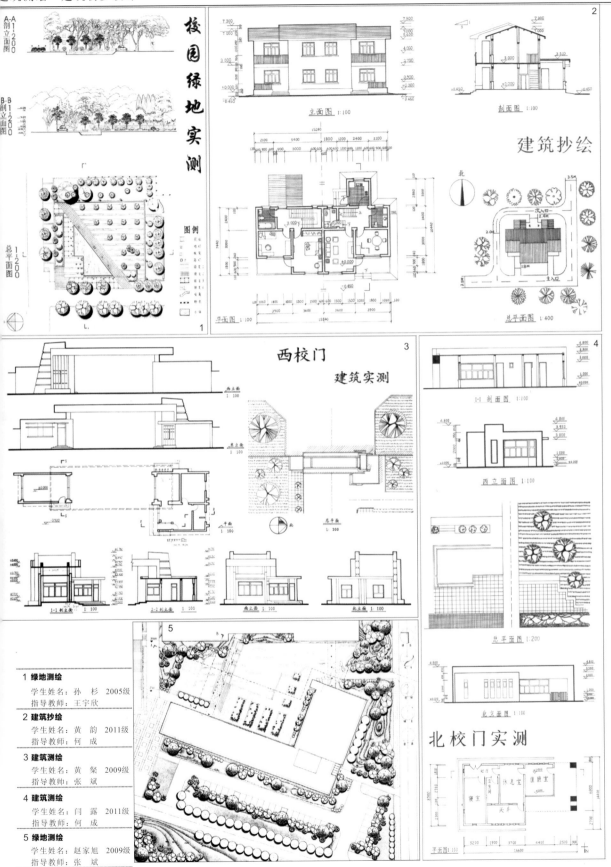

A-A 剖立面图 1:200

B-B 剖立面图 1:200

校园绿地实测

总平面图 1:200

图例

立面图 1:100

剖面图 1:100

建筑抄绘

平面图 1:100

北

总平面图 1:400

西校门

建筑实测

西立面 1:100

南立面 1:100

1-1剖立面 1:100

2-2剖立面 1:100

南立面 1:100

剖立面 1:100

1-1剖面图 1:100

西立面图 1:100

总平面图 1:200

北立面图 1:100

北校门实测

平面图 1:50

1 绿地测绘
学生姓名：孙 杉 2005级
指导教师：王宇欣

2 建筑抄绘
学生姓名：黄 韵 2011级
指导教师：何 成

3 建筑测绘
学生姓名：黄 粲 2009级
指导教师：张 斌

4 建筑测绘
学生姓名：闫 露 2011级
指导教师：何 成

5 绿地测绘
学生姓名：赵家旭 2009级
指导教师：张 斌

冷热饮厅设计

学生姓名：黄　韵　2010级
指导教师：江　岚　何　成
作品名称：松　风

　　建筑设计课程重点培养学生建筑功能组织能力、基本的造型能力、空间组织能力、初步的环境应对能力，在设计过程中强调"理解、分析、借鉴、发展、落实"一系列完整的设计步骤，以训练正确的设计思维方式，设计成果表达要求规范、美观，进一步训练设计表达技能，为后续专业课程奠定扎实的设计基础。

　　基址毗邻学生公寓区，为林木葱郁、富于野趣的坡地，要求在实际测绘地形过程中理解地形地貌、交通等状况，综合分析基址。重在训练理解建筑的功能分区、流线组织、空间组合、立面划分及结构处理，进一步建立尺度概念。

　　方案利用院落围合、轴线延伸，尽力保留了基址内的树木和山石，将建筑与环境充分地融合在一起。

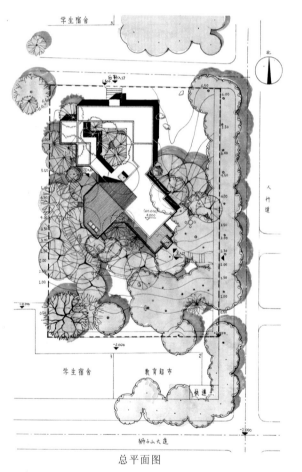

总平面图

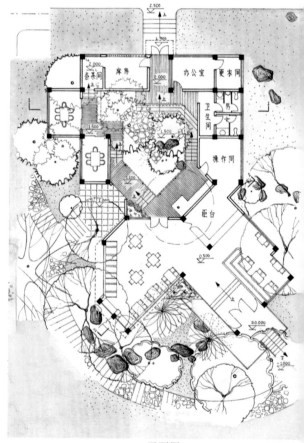

平面图

1-1剖面图

2-2剖面图

东南立面图

西立面图

游船码头设计

学生姓名：赵家旭　2009级
指导教师：杨　璐　何　成

　　基地位于某公园湖畔，北临园路，地形平坦。主要训练将形态构成的原则、手法运用于建筑造型及空间组织之中，以建筑模型推敲、完善方案。

　　方案以最为常见的长方体为基本要素进行穿插组合，并在局部对体量进行分解，建筑形式轻盈优美、统一又富于变化，建筑空间规整实用。

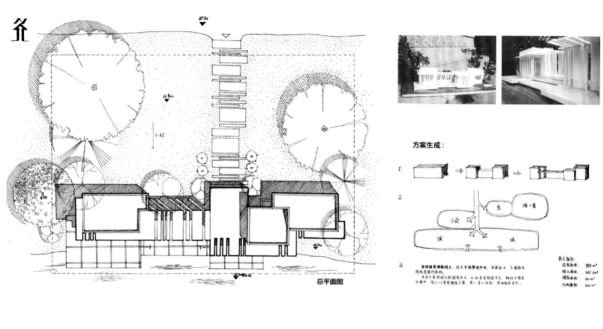

总平面图

方案生成：

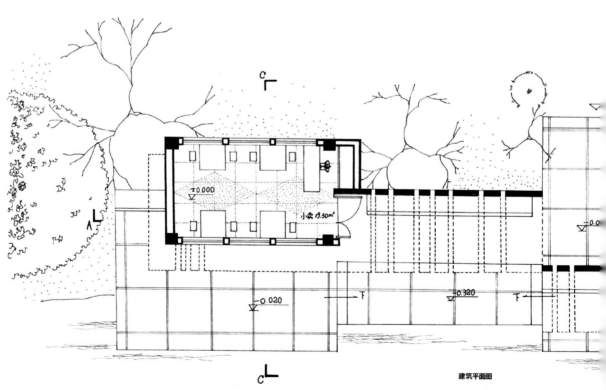

建筑平面图

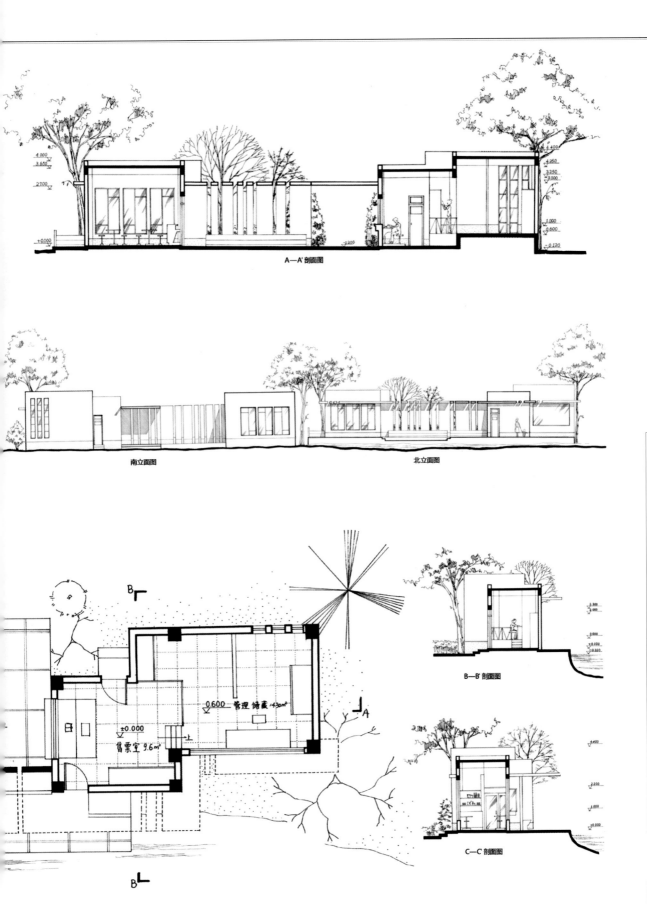

A—A'剖面图

南立面图

北立面图

B—B'剖面图

C—C剖面图

管理 储藏 43m²

-0.600

+0.000

售票室 9.6m²

风景区游客中心设计

学生姓名：卢丛琳　2010级
指导教师：江　岚　杨　璐
作品名称：故垒西边

故垒西边·人道是·三国周郎赤壁

因三国赤壁位于湖北武赤壁，以"故垒西边"为名，一是暗示某区地理位置及方位。二是作为风景区游客中心，四设计主要以材质传达地方特色：大面积的立面以玻璃等墙体，外墙装扣的形式特现其"木"。故扣："战场"。室外结构扣以户外空间以及新空间室内以长木纹原料相结合，甲级。营造开阔的大面积空间。建筑造型简洁大方，功能等格，采用现代感的结构手法，在设计上作现地方的特色，新与旧，古今对话的四纹等。在设计上作现境的对话方面，内由封闭空间到室外面本的所情达送，也作现了由今视古，引导游客进而明暗。

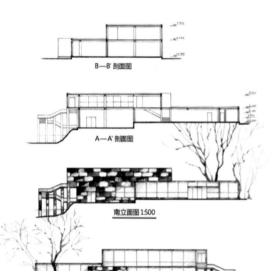

B—B' 剖面图

A—A' 剖面图

南立面图 1:500

北立面图

总平面图

基地为华中某风景区一滨水地块，要求在设计中综合考虑人、建筑、环境的关系，学习组织小型公共建筑的功能与流线，训练建筑空间及形体组合的能力。

方案充分考虑与结合地形创造错落有致的内部空间，建筑形体简洁，材质表达丰富细腻，外部廊道的设计丰富了建筑造型并使建筑与水产生对话。

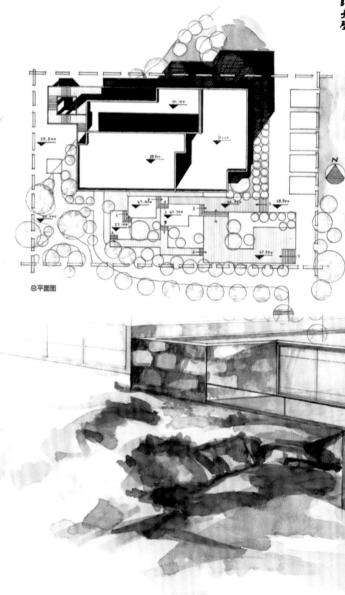

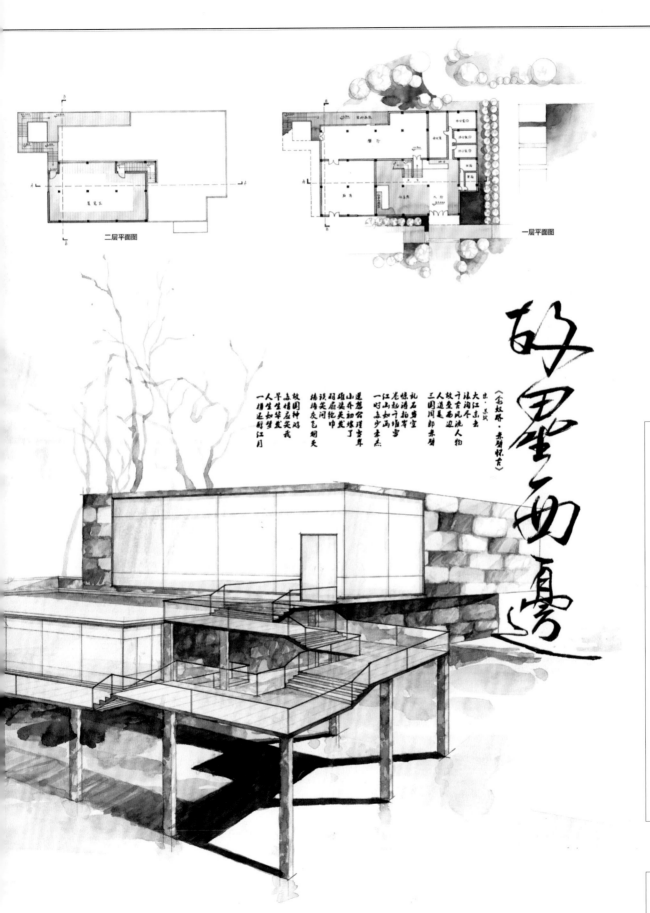

二层平面图

一层平面图

《念奴娇·赤壁怀古》

大江东去
浪淘尽
千古风流人物
故垒西边
人道是
三国周郎赤壁
乱石穿空
惊涛拍岸
卷起千堆雪
江山如画
一时多少豪杰
遥想公瑾当年
小乔初嫁了
雄姿英发
羽扇纶巾
谈笑间
樯橹灰飞烟灭
故国神游
多情应笑我
早生华发
人生如梦
一樽还酹江月

别墅设计

学生姓名：王　臻　2008级
指导教师：江　岚　杨　璐
作品名称：The City of Refuge

　　提供湖滨、溪边、坡地三种环境供学生选择基地，引导学习处理建筑与自然环境的关系。要求尊重地形地貌、建筑布局、空间与自然环境有机结合，建筑造型、材质与环境相互融合、映衬。通过设计了解人体活动与建筑空间的关系，充分考虑居住建筑的朝向、日照、通风、视野等要求，尝试妥善地解决使用者有关家庭生活的各项功能问题。

　　方案选址在坡地，利用地形特征，与建筑L形平面围合成半封闭半开放的小庭院并伴以小水池，营造出远离喧嚣的私密花园。墙面和屋顶清水混凝土的质感加强了建筑的纯净感和纯粹感，配合夸张的反曲屋面使建筑增加一种桀骜不驯之感。

总平面

西立面

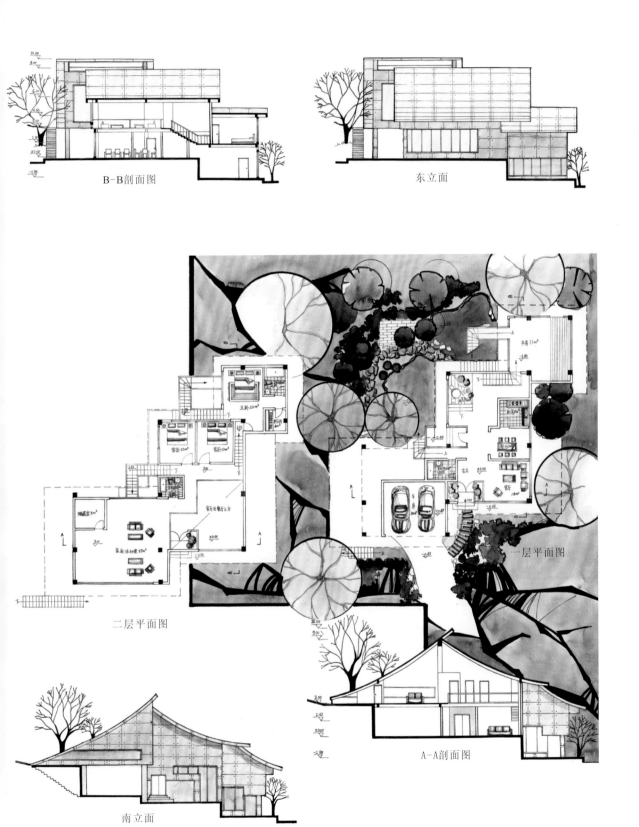

B-B剖面图

东立面

二层平面图

一层平面图

南立面

A-A剖面图

别墅设计

学生姓名：刘　爽　2000级
指导教师：杜　雁　吴雪飞
作品名称：流艺轩

　　该方案选址于湖滨，设计理念迎合主人对古典文化的特殊嗜好，将亭、台、楼、阁、舫等传统江南私家园林要素吸纳入建筑的造型，将传统建筑的形象、精美的装饰细节与良好的居住功能结合在一起，力图创造出既有古典美感，又超越传统局限的形象与空间。

西南立面图　　　　　　　　　　　　东南立面图

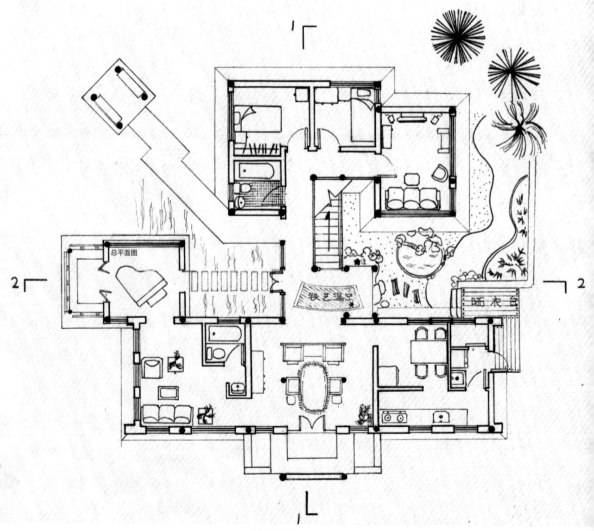

一层平面图

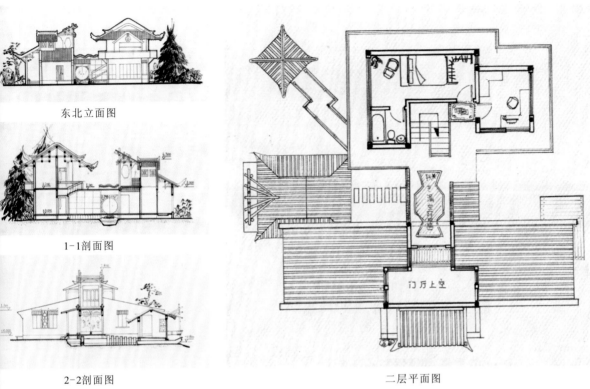

东北立面图

1-1剖面图

2-2剖面图

二层平面图

门厅上空

地形设计

学生姓名：李 巧 2010级

指导教师：杜 雁 阴帅可

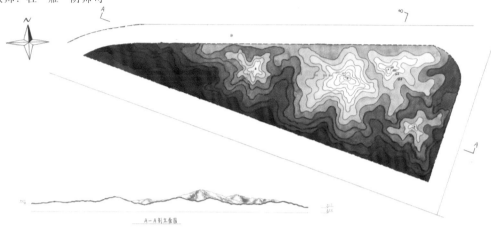

学生姓名：刘婧轩 2010级

指导教师：杜 雁 阴帅可

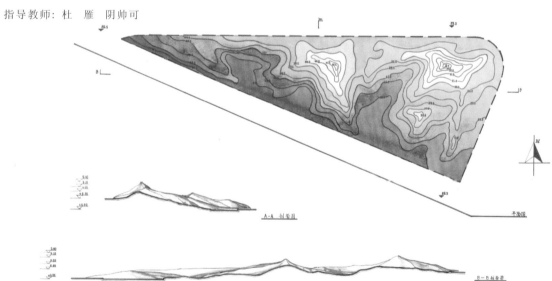

学生姓名：王　爽　2010级
指导教师：杜　雁　阴帅可

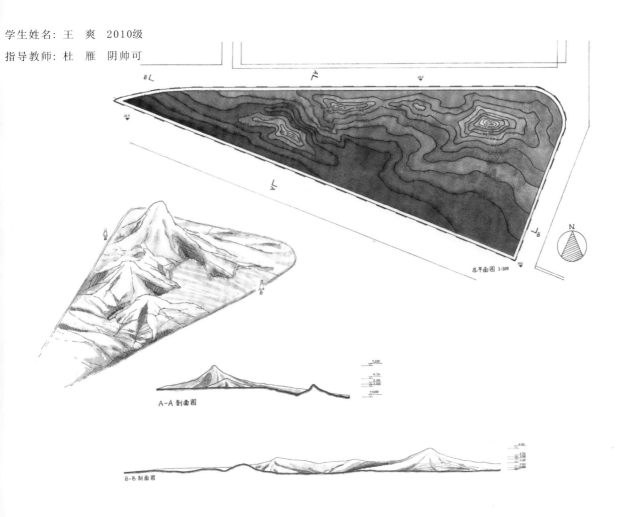

学生姓名：汪曼迪　2010级
指导教师：夏海燕　夏　欣

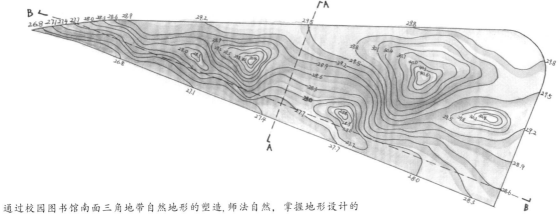

　　通过校园图书馆南面三角地带自然地形的塑造,师法自然，掌握地形设计的基本原理和方法,理解地形的空间功能，理解竖向设计在总体设计中的作用和要求,解决基址内外高程关系,组织排水,创造良好生境条件，满足外部空间的实用功能和美学功能。

规 划 设 计

浏阳市现代农业科技产业园规划设计

学生姓名：阙　怡　周　舟　李雁明　陈　磊　陈　麒　黄进财　高云龙　胡培华　2004级
指导教师：汪　民

绿地系统图

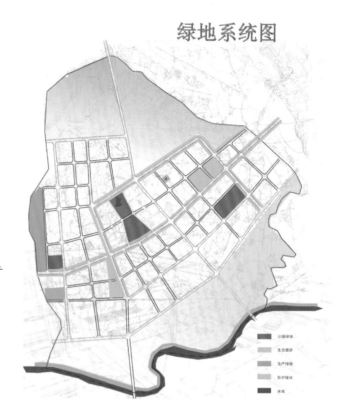

公园绿地
生态旅游
生产绿地
防护绿地
水域

通过课程设计全面系统地了解城市总体规划和详细规划的任务与要求，以及对土地利用、道路交通、绿地系统、城市空间和规划技术经济指标的把握，培养学生调查分析与综合思考的能力。要求在全面分析基址现状的基础上，结合自然、经济、社会条件等因素进行规划构思，提出体现现代高新农业科技园区理念和特点的方案。

基址位于距浏阳市区20公里，地处浏阳河畔，国家级森林公园大围山西麓。规划范围为北接三口乡乡界，南临大溪河，东至三口河，西至河渠，总用地为21.05平方公里，中心位于古港镇。

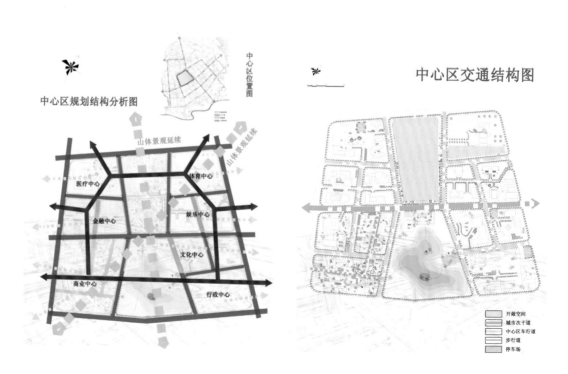

中心区位置图

中心区规划结构分析图

山体景观延续

医疗中心
体育中心
金融中心
娱乐中心
文化中心
商业中心
行政中心

中心区交通结构图

开敞空间
城市次干道
中心区车行道
步行道
停车场

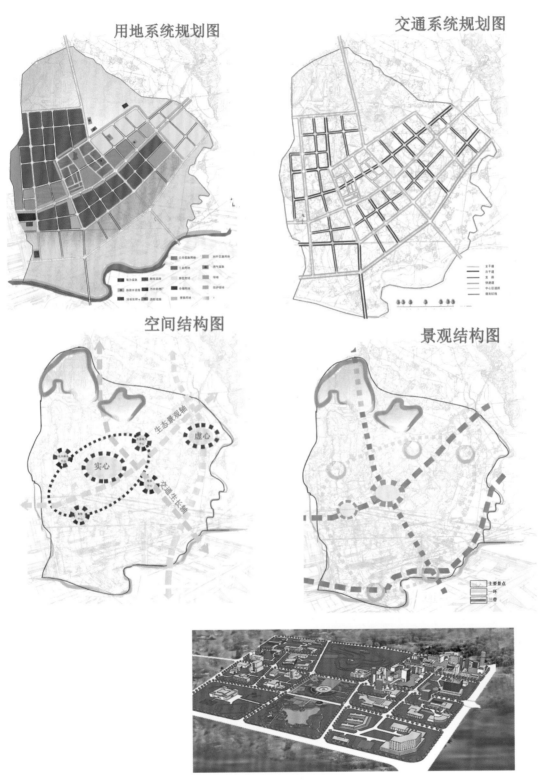

用地系统规划图

交通系统规划图

空间结构图

景观结构图

中心区鸟瞰图

浏阳市高新农业园规划设计

学生姓名：施　洁　朱　光　刘晓伟　刘世芳　张浩然　2005级
指导教师：汪　民

　　课程设计要求加深对城市规划原理的理解，掌握其工作内容和方法，全面系统地了解城市总体规划和详细规划的任务与要求，以及对土地利用、道路交通、绿地系统、城市空间和规划技术经济指标的把握，培养调查分析与综合思考的能力。鼓励在全面分析基址现状的基础上，结合该地区的自然、经济、社会条件等方面进行规划构思，提出体现现代高新农业科技园区理念和特点、有创造性的设计方案。

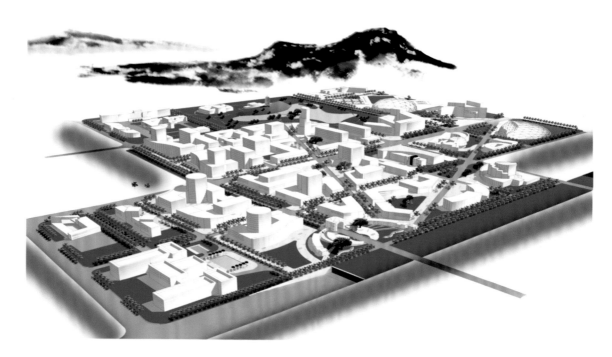

鸟瞰图

东南立面图

东立面图

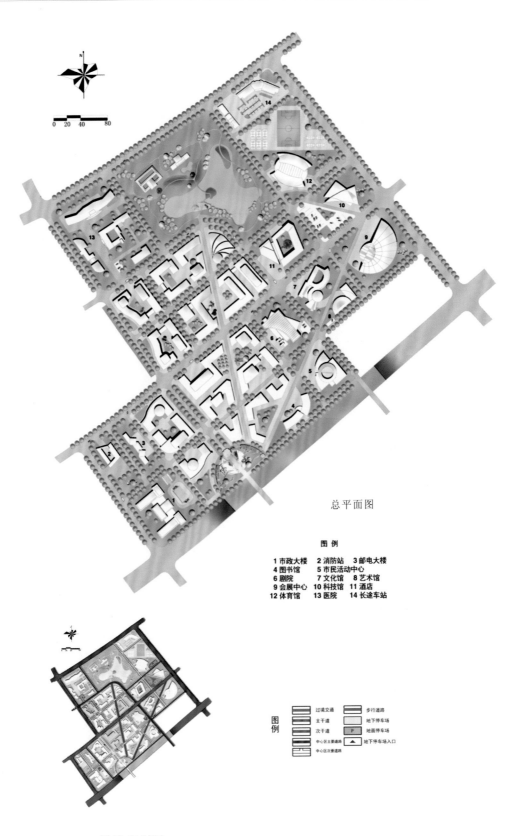

总平面图

图 例

1 市政大楼　　2 消防站　　3 邮电大楼
4 图书馆　　　5 市民活动中心
6 剧院　　　　7 文化馆　　8 艺术馆
9 会展中心　　10 科技馆　　11 酒店
12 体育馆　　　13 医院　　　14 长途车站

图
例

过境交通　　　　　步行道路
主干道　　　　　　地下停车场
次干道　　　　　　地面停车场
中心区主要道路
中心区次要道路　　地下停车场入口

道路规划图

"呼·吸"——华中农业大学绿地系统规划

学生姓名：陈雪娟　黄　雄　胡维维　贾建铃　牛　博　苏　珺　2006级
指导教师：吴雪飞

　　以华中农业大学校园绿地为研究对象，要求学生整合校园内现有自然人文资源，结合可持续发展理念，合理规划校园各类绿地，构建布局合理、类型多样的校园绿地系统。重点要求学生掌握附属绿地规划的内容与方法，了解附属绿地在市中的地位与作用。

　　借助细胞中的呼吸器线粒体，通过逆向思维，思考线粒体在气体交换上的结构合理性，并将其有效的"呼、吸" "状结构"运用于校园绿地中，结合校园独特的山水资源优势，建立一个生态系统健全、环境优美、文化共享的生态绿色水园林校园。

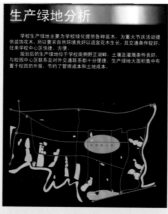

生产绿地分析

学校生产绿地主要为学校绿化提供各种苗木，为重大节庆活动提供装饰花木。所以要求自然环境良好以适宜花木生长，且交通条件较好，往来学校中心区快捷、方便。

规划后的生产绿地位于学校南侧野芷湖畔，土壤及灌溉条件良好，与校园中心区联系及对外交通联系都十分便捷。生产绿地大面积集中布置于校园的外部，节约了管理成本和土地成本。

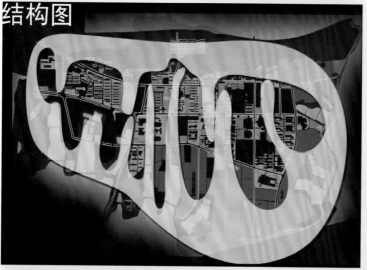

结构图

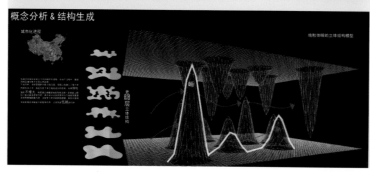

概念分析 & 结构生成

各类绿地分布

生态防护绿地分布

公共绿地分布

建筑附属绿地分布

居住组团绿地分布

专用绿地分布

生产绿地分布

整体鸟瞰图

功能分区

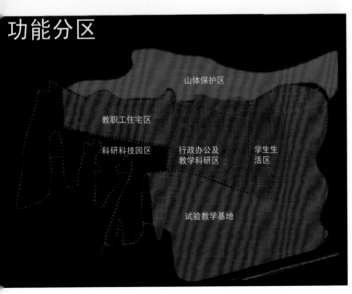

山体保护区

教职工住宅区

科研科技园区

行政办公及
教学科研区

学生生
活区

试验教学基地

区位分析 & 生态分析

区位位置

湖北·武汉

武汉·华农

武汉是华中地区的最大都市及中心城市，中国长江中下游流域特大城市。世界第三大河长江及其最长支流汉江横贯市区，将武汉一分为三，形成了武昌、汉口、汉阳三镇隔江鼎立的格局，唐朝诗人李白在此写下"黄鹤楼中吹玉笛，江城五月落梅花"的诗句，因此武汉自古又称"江城"。武汉有"百湖之城"的美誉，现有大小湖泊170个，其中城区湖泊41个，郊区湖泊129个。

基地位于武汉市城乡接壤的洪山区南湖南岸。随着城市的快速扩容，基地周边用地性质及城市景观正在经历巨大变化，随之而来的生态环境和社会环境的巨变给学校带来诸多机遇与挑战。

交通分析

公交系统分析

武汉主导风向是东北风和东南风，如果规划建设好城市风道，能有效改善城市生态环境。

在武汉市的最新规划中，保留六片放射形生态楔形绿地，为城区送来凉风。武汉规划的六条绿楔中，其中两条风道处于武汉的主导风向上，对武汉城市环境的改善作用至关重要。

六条风道将进一步向中心城区延伸。华中农业大学位于汤逊湖生态推进的关键点，对通风走廊生态效果的发挥起到重要作用。

华中农业大学校园是武汉市中心区四大绿心的重要组成部分。华农校园绿地系统较高的绿化率对南湖生态绿心的建设十分重要。

覆盖半径

为了延伸汤逊湖生态绿楔进入市中心区，华中农业大学校园绿地系统需要打通南北方向的生态廊道，延续汤逊湖生态绿楔——野芷湖——狮子山——南湖，从而进入市中心区。

轨道交通分析

根据武汉市总体规划（1996—2020）和华中农业大学总体规划（2004—2018）华中农业大学在2020年左右将位于武汉市中环线与三环线之间主要的接口位置，华农的五个校门从三个方向通向城市各干道，进出中环与三环都十分便捷。在2020年武汉的轨道交通规划中，华农周边将增加两条轨道线，校园开放度和社会关注度将进一步提高。

以五个校门为圆心，400米为半径画圆（步行15分钟）确定的校园步行圈，基本覆盖周边城市干道，转乘公交方便。以1500米半径确定自行车出行距离，覆盖了武昌重要商业区和主要旅游景点，外出购物、休闲、娱乐十分方便。

华农南湖周边的城市绿明显不足，区域内大面积的绿地严重缺乏，华农校园绿地面积较大，虽然不是城市公共绿地，但对于南湖滨水区的生态保护和区域气候调节有着重要作用。随着武汉城市化的推进，位于城乡结合部的华农校园周边区域的绿地将进一步减少，大面积华农校园绿地对区域的生态作用更加凸显。

周边绿地分析

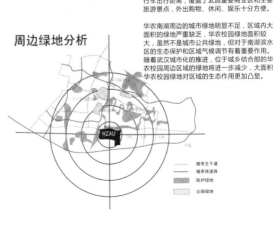

城市主干道
城市快速路
防护绿地
公园绿地

武汉市科技新城关山簇团绿地规划

学生姓名：吴佳雨 颜海琛 周 盼 胡 玥 陶丹凤 2008级
指导教师：章 莉 吴雪飞

　　以武汉市科技新城关山簇团绿地控制性详细规划为题，要求在尊重上位规划的基础上，协调用地内各类绿地的关系，提出规划目标，建立合理的绿地空间布局。要求学生了解分区绿地规划与总体规划关系，掌握分区绿地规划层次、步骤与内容，明确控制性详细规划深度与要求。

　　方案在"林泉下的思考——District in the Garden"理念的指导下，将蚌家山、黄龙山的山体绿地规划为片区外围环形生态绿地，用"园路和轴系"联系各区域，形成连续、完整的"半环、两轴、七点"绿地结构，构建了控制性指标体系和引导性指标体系。

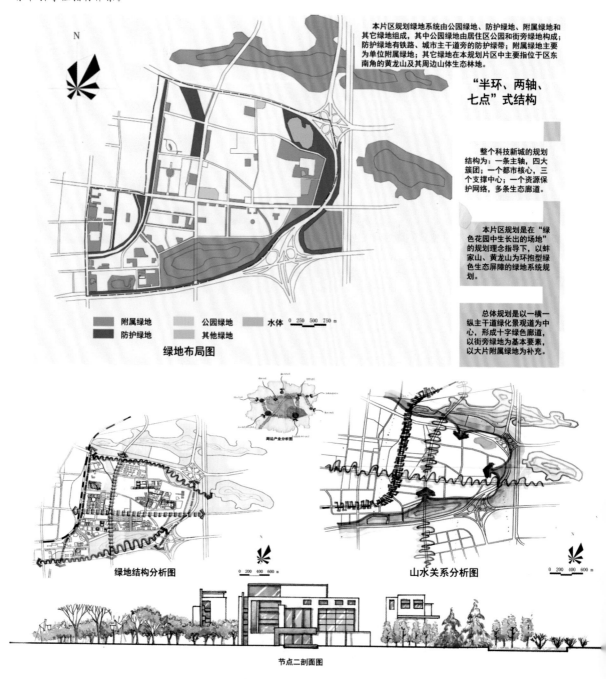

本片区规划绿地系统由公园绿地、防护绿地、附属绿地和其它绿地组成，其中公园绿地由居住区公园和街旁绿地构成；防护绿地有铁路、城市主干道旁的防护绿带；附属绿地主要为单位附属绿地；其它绿地在本规划片区中主要指位于区东南角的黄龙山及其周边山体生态林地。

"半环、两轴、七点"式结构

整个科技新城的规划结构为：一条主轴，四大簇团；一个都市核心，三个支撑中心；一个资源保护网络，多条生态廊道。

本片区规划是在"绿色花园中生长出的场地"的规划理念指导下，以蚌家山、黄龙山为环抱型绿色生态屏障的绿地系统规划。

总体规划是以一横一纵主干道绿化景观道为中心，形成十字绿色廊道，以街旁绿地为基本要素，以大片附属绿地为补充。

附属绿地　公园绿地　水体
防护绿地　其他绿地
0 250 500 750 m

绿地布局图

周边产业分析图

绿地结构分析图　　0 200 400 600 m

山水关系分析图　　0 200 400 600 m

节点二剖面图

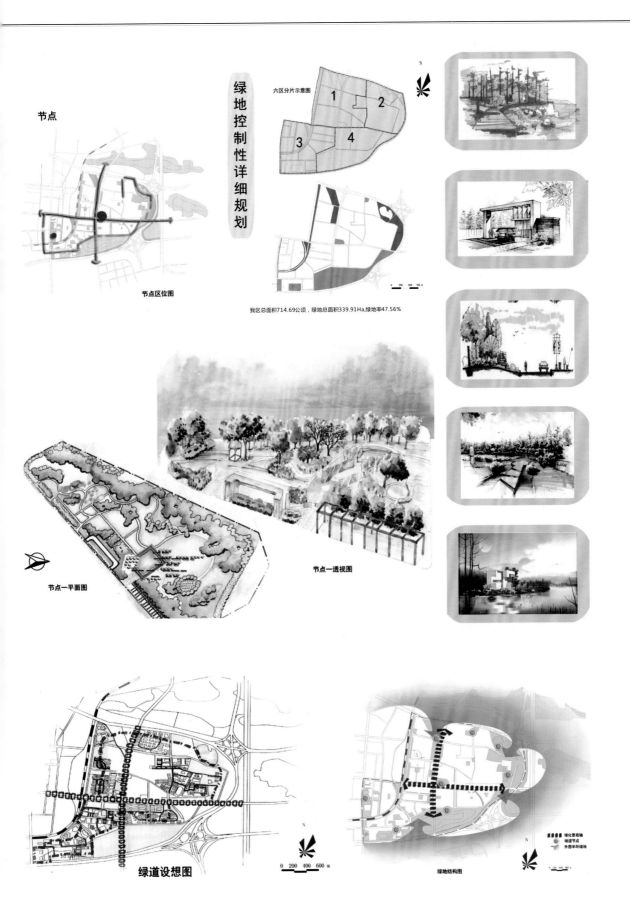

节点

节点区位图

绿地控制性详细规划

六区分片示意图

我区总面积714.69公顷，绿地总面积339.91Ha,绿地率47.56%

节点一平面图

节点一透视图

绿道设想图

绿地结构图

武汉市环城绿带（张公堤段）规划设计

学生姓名：谭 邈 赵云飞 梁 密 吴胜男 白 瑾 赵家旭 邓珺捷 陈玉 2009级
指导教师：吴雪飞

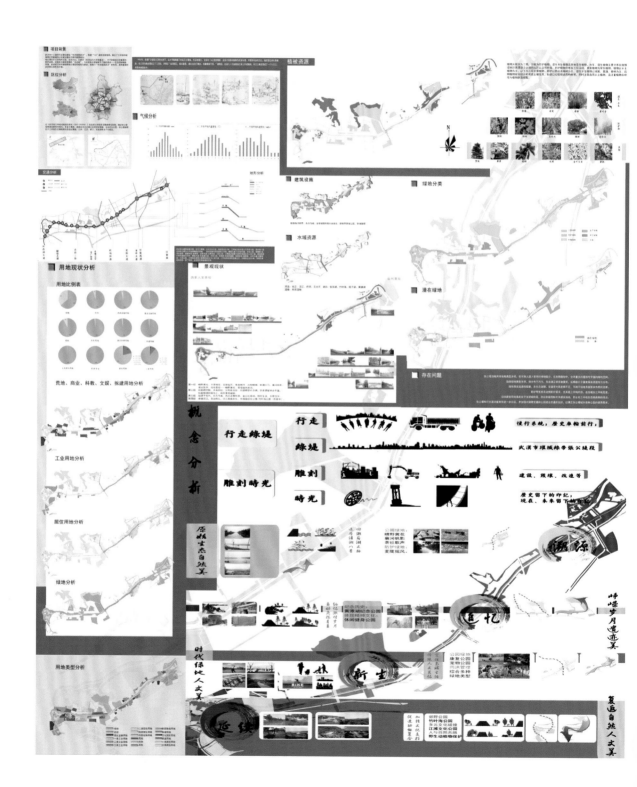

　　武汉市环城绿带（张公堤段）规划要求学生结合详细的场地调查，根据现状资源、用地情况、建设控制等因素，分析可行性和适宜性，划定张公堤沿线绿线控制范围，并对范围内的绿地进行定位，完成概念规划。要求学生提高场地调查能力，掌握地段层面绿地控制性规划的内容与方法；提升概念规划能力，强化绿地规划与设计的思维和创造能力。

　　方案将张公堤的历史按时间的阶段特色在现有的基址空间上演绎，分别从历史、美学、功能及生态四个方面切入：历史"溯源—追忆—新生—延续"四个历史时期予以传达；美学上呈现出"原生态自然美—峥嵘岁月遗迹美—时代绿地人文美—显自然新生美"四种缤纷美感。同时利用张公堤形成慢行系统，满足城市中的"行走"需求；此外，注重绿带雨水收集、雨水管理、防灾避险作用，增强绿带生态功能。

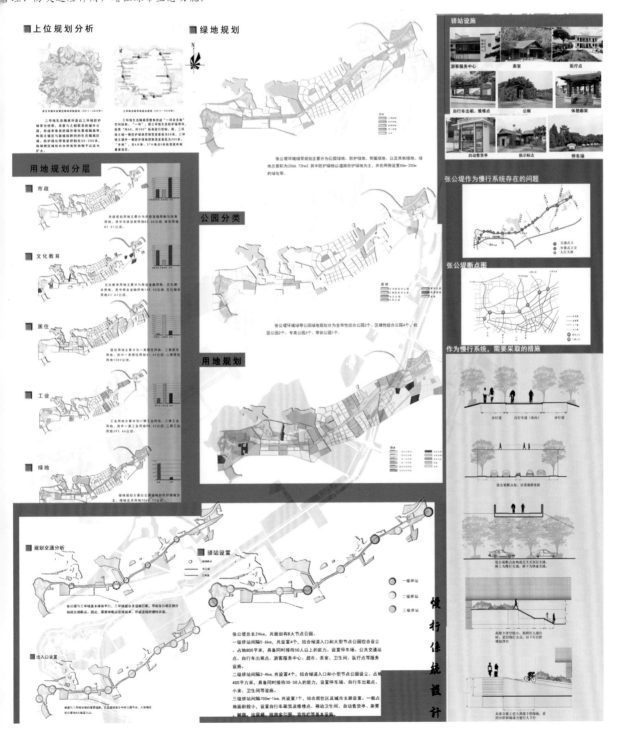

居住区绿地规划

学生姓名：王 臻 2010级
指导教师：汪 民 章 莉

　　基址位于校园西南角临水区，规划面积20公顷，要求学生根据场地特性、建筑风格及各项指标等对居住区内绿地及住宅建筑进行合理布局，并考虑与周边城市绿色空间的联系，从而构建宜居的小区环境。重点要求学生掌握居住区及绿地的规划步骤、内容与方法，提升专业制图的表现力，强化综合思维能力。

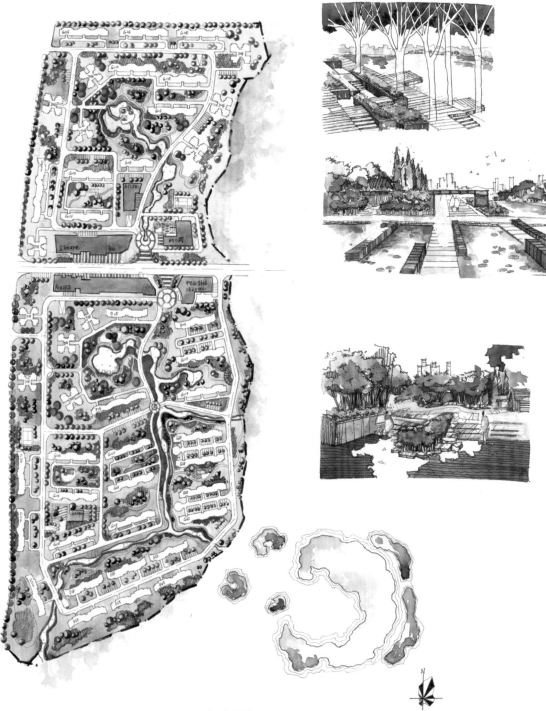

总平面图

　　方案以"浮岛"为概念，利用原场地临湖优美风光的优势，将水引入到场地内划分空间，并规划成岛，以营造自然野趣之境；中部水轴、东部环湖绿带及小区内东西向的组团绿地交织成网，形成融入周边环境的开放式绿色体系。

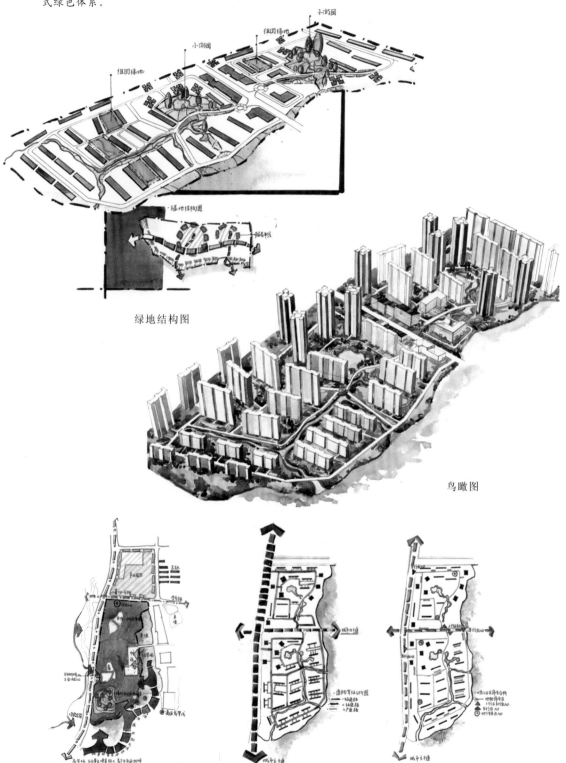

绿地结构图

鸟瞰图

武汉市汉阳区绿地系统规划设计

学生姓名：陈　亮　张群霞　孙亚丽　李　丹　于海淘　2010级
指导教师：朱春阳　刘倩如

　　学生以小组合作的方式，对武汉市主城区绿地进行全面调研，从地区层面分析绿地与绿地、绿地与城市之间的关系，建立城市绿地规划概念，培养整体思维、综合分析能力和团队学习能力。

　　方案在深入分析理解汉阳区城市功能转型的基础上，紧扣"三镇三城"的新城建设目标，抽取"人文名镇、宜居家园、繁荣都市、幸福新城"规划主旨中的绿地建设要求，合理开展绿地系统规划。规划结构完整，中心绿地特色突出，建设重点明确：围绕城乡规划用地的要求，因地制宜规划布局不同级别和类型的绿地，与汉阳城市新区建设相得益彰；中心绿地内涵丰富，以凸显"汉阳新城"概念为主，特色选取或着墨于"高"山"流"水，或叹惜"知音"之历史，或浸染"汉阳造"工业之传承等；新建与改善城市绿地措施并重，绿地建设重点选取合理，有益于新工业区、都市商务中心区和生态旅游区的绿地营造可行性。

绿地规划图

汉阳区绿地规划指标汇总表（2023年）

序号	类别代码	类别名称	规划面积（公顷）	占城市建筑用地比例（%）	人均绿地面积（m²/人）
1	G1	公园绿地	1892.05	29.11	23.65
2	G2	生产绿地	56.63	0.82	0.71
3	G3	防护绿地	743.19	10.77	9.29
4	G4	附属绿地	595.15	8.64	7.45
5	G5	其他绿地	457.31	—	（不计入城市建设用地）
	合　计		3745.37	—	—

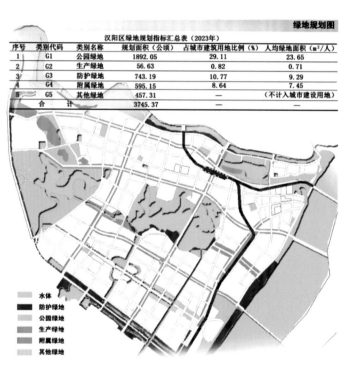

水体
防护绿地
公园绿地
生产绿地
附属绿地
其他绿地

快速路绿化现状图

全市性公园规划（2033）

序号	公园名称	面积（公顷）	水面积（公顷）	区域位置	绿地分类	备　注
1	龟山公园	35.35		龟山	G111	观赏、游憩
2	墨水湖风景区	451.47	305.64	墨水湖	G111	观赏、游憩、生态
3	龙阳湖风景区	1000	300	龙阳湖	G111	观赏、游憩、生态
4	四新公园	108.45	——	四新大道	G111	观赏、游憩
	合　计	1595.27	605.64			

区域性公园规划（2033）

序号	公园名称	规划面积（公顷）	区域位置	绿地分类	备　注
5	汉水二桥公园	84.26	知音桥	G112	游憩、生态
6	梅子山公园	6	梅子山	G112	游憩、生态
7	小龟山公园	5.21	龙阳湖北	G112	游憩、生态
8	芳草公园	18	墨水湖西南	G112	游憩、生态
9	连通湖公园	12	汉阳湖东南	G112	游憩、生态
10	四新广场	12.13	四新大道	G112	游憩、景观
	合　计	137.6			

居住区公园规划（2033）

序号	公园名称	规划面积（公顷）	地理位置	功　能
1	琴断口公园	30.36	三环线西侧	游憩、文化、绿化
2	知音公园	24.67	位于商业密集区、繁华居住区	休闲、娱乐、生态
3	罗七公园	38.34	琴台大道与铁路的交叉地	游憩、文化、绿化
4	兰台公园	29.84	位于城区大道旁、周边有居住区	游憩、绿化
5	向阳公园	28.44	鹦鹉大道东侧，与沿江绿化相呼应	休憩、娱乐、绿化
	合　计	151.64		

公园规划总图

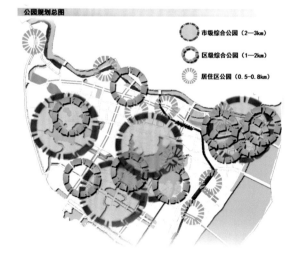

市级综合公园（2—3km）
区级综合公园（1—2km）
居住区公园（0.5-0.8km）

道路分级图

绿地现状图

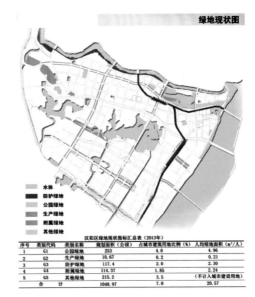

图例（道路分级图）：
- 主要交通节点
- 快速路
- 主干道
- 次干道
- 轨路

图例（绿地现状图）：
- 水体
- 防护绿地
- 公园绿地
- 生产绿地
- 附属绿地
- 其他绿地

汉阳区绿地现状指标汇总表（2013年）

序号	类别代码	类别名称	规划面积（公顷）	占城市建筑用地比例（%）	人均绿地面积（m²/人）
1	G1	公园绿地	253	4.0	4.96
2	G2	生产绿地	10.67	0.2	0.21
3	G3	防护绿地	117.4	2.0	2.30
4	G4	附属绿地	114.37	1.85	2.24
5	G5	其他绿地	215.2	3.5	（不计入城市建设用地）
	合　计		1048.97	7.0	20.57

武汉市主城区功能分区图

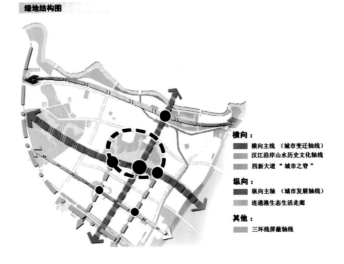

功能分区：江岸区（经济、文化、信息中心）、青山区（工业中心）、硚口区（工商业中心）、江汉区（政治、金融、信息中心）、汉阳区（工业、商业、文化旅游中心）、武昌区（政治、文化中心）、洪山区（科教文化中心）

——功能分区图指导规划定位。

绿地结构图

横向：
- 横向主线（城市变迁轴线）
- 汉江沿岸山水历史文化轴线
- 四新大道"城市之脊"

纵向：
- 纵向主轴（城市发展轴线）
- 连通港生态生活走廊

其他：
- 三环线屏蔽轴线

游憩体系规划分析图

游憩体系规划图

重点规划图

龙阳湖风景区（意向图）　墨水湖风景区（意向图）　四新湿地公园（意向图）

城市设计

学生姓名：聂 磊 秦 进 余 跃 2005级
指导教师：杨 璐 何 成
作品名称：汉阳西大街旧城风貌区城市设计

　　要求在深入理解城市设计基本原理的基础上，熟悉城市设计的操作程序和步骤，掌握城市空间环境分析方法，培养城市设计的基本设计技能及综合表现能力。课程设计以武汉市汉阳西大街旧城风貌区为研究对象，学习城市空间调查研究方法，发掘传统特色街区的历史文化价值，妥善处理"保护"与"发展"的关系。

　　方案强化了原汉阳古城的十字轴线，尊重原有街区肌理，保护并恢复传统街巷空间，建筑提取湖北传统天井、院落元素，并组合为满足片区发展需求的新型街坊空间。城市空间、环境、人因获得了有机联系而构成了一个焕发生机的"再生"老街区。

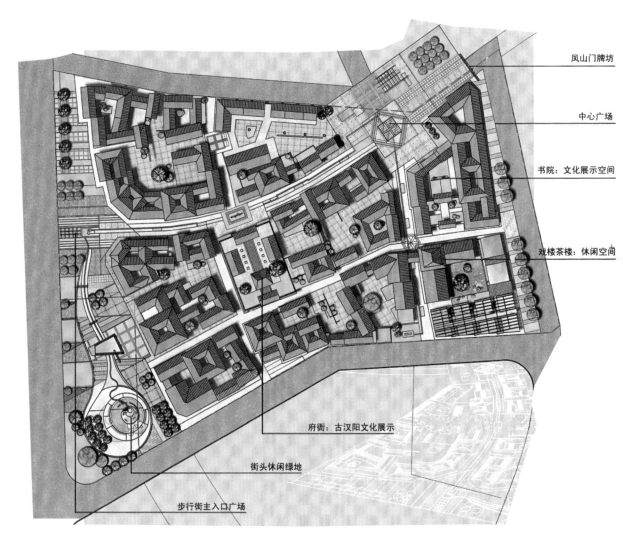

凤山门牌坊

中心广场

书院：文化展示空间

戏楼茶楼：休闲空间

府衙：古汉阳文化展示

街头休闲绿地

步行街主入口广场

总平面图

建筑环境设计

学生姓名：梁方霖　李矫杨　2007级
指导教师：刘倩如

　　基址位于武汉市洪山区书城路东，商住用地总面积约2.5公顷，建筑容积率2.3，建筑密度30%，绿地率35%。建筑高度≤80米。要求结合崇文广场主楼形象，融合前广场和周边环境，体现总体布局整体性、建筑高度控制的序列性和空间环境的多样性。

中心广场效果图

鸟瞰图

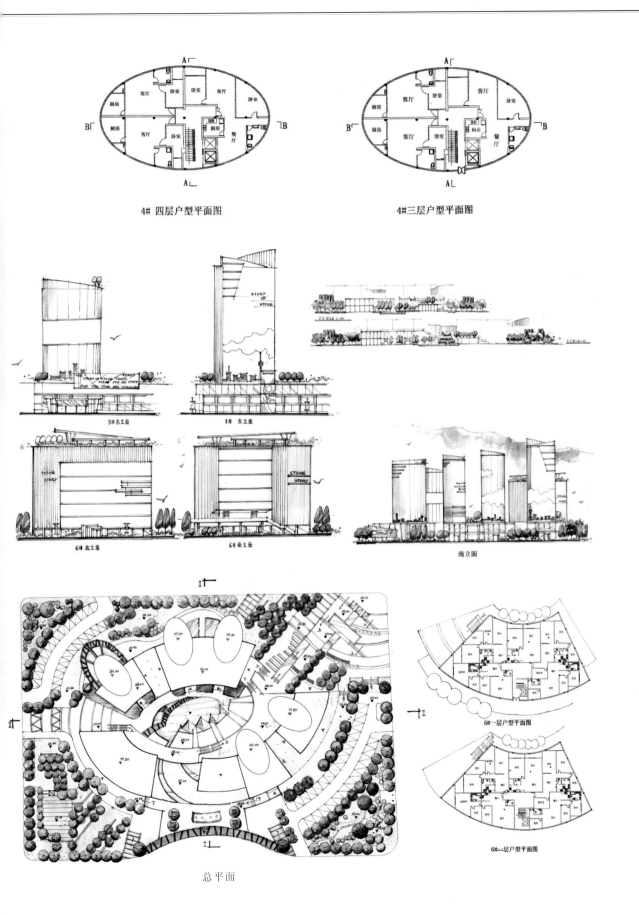

4# 四层户型平面图

4#三层户型平面图

5# 东立面

1# 东立面

6# 北立面

6# 南立面

南立面

6#一层户型平面图

6#二层户型平面图

总平面

建筑环境设计

学生姓名：赵家旭　尹燕妮　牛丞禹　2009级
指导教师：吴雪飞　刘倩如

　　要求正确处理场地中实体（建筑）与虚体（环境）的关系，了解建筑外环境的构成与特质。掌握并加强建筑与环境的对话及室内向室外的延伸手法，细化环境艺术及技术手段，注意微观尺度下环境的细致处理方法。

　　基址位于葛店开发区，地处武汉城市圈"两型社会"试验区的核心圈。总用地面积53476平方米，其中建筑占地39779平方米，交通发达。该中心主体建筑的外环境包括入口广场、内庭和后院等不同环境空间，方案通过延续建筑立面体现环境与建筑的对话，并以不同主题和景观特色，营造多样化公共空间。

主要景点：
① 特色门牌矮墙　② 镜面水　③ 点景花带　④ 树阵　⑤ 盈动园　⑥ 春之园　⑦ 展示墙　⑧ 水帘　⑨ 休憩平台（设旱喷）　⑩ 反影池　⑪ 特色水池　⑫ 休息树池　⑬ 休息树池　⑭ 苗圃　⑮ 秋之园　⑯ 文化园　⑰ 亲水平台　⑱ 滨水木栈道　⑲ 特色钓鱼台　⑳ 景墙

总平面图

景观结构及视线分析

交通流线分析

景观空间分析

节点一　　　　　　　　　节点二　　　　　　　　　节点三

效果图

街头绿地设计

学生姓名：贺 艳 2003级
指导教师：王宇欣 张 群

　　基址位于武汉市友谊大道与冶金大道交叉口，毗邻一冶集团高新工业园区和厂前区，南北高差显著。方案力求在城市内部营建亲自然区域，直线与曲线对比的"呼吸墙"顺势将平台、步道、小广场衔接，解决南北高差显著的问题，同时便于邻近社区的人流集散和穿行。

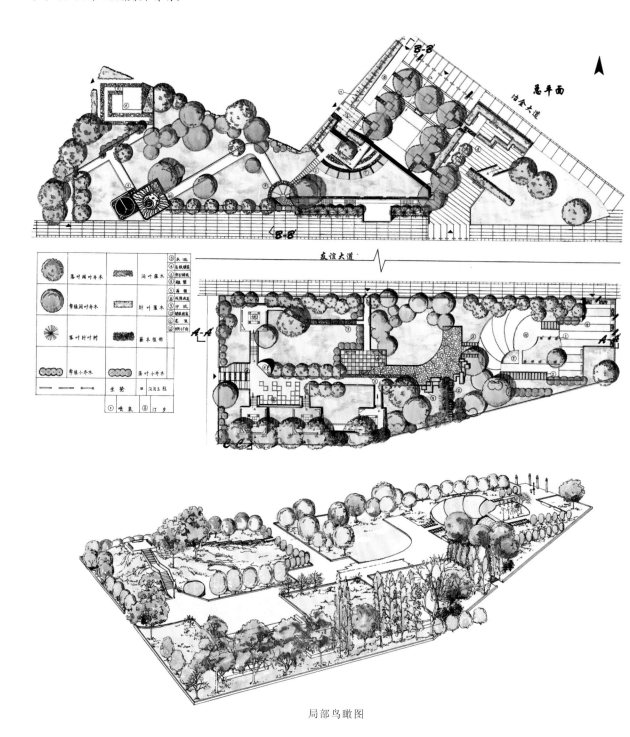

局部鸟瞰图

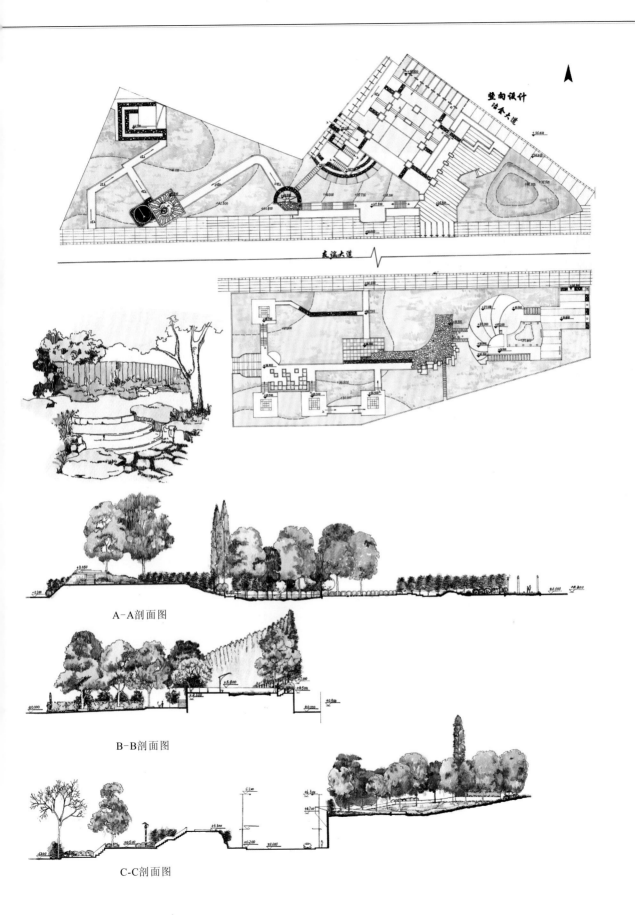

竖向设计
给水大道

友谊大道

A-A剖面图

B-B剖面图

C-C剖面图

小游园设计

学生姓名：刘海舟　2007级
作品名称：花　间
指导教师：杜　雁

　　"花、月、影"：概念来自场地令人印象深刻的四季繁花、相对低洼的地形和大面积的池塘所提供的良好赏月条件，结合景物的倒影、剪影、林影，以茶为原点，营造与太白诗"花间一壶酒，独酌无相亲。举头邀明月，对影成三人"中相似又不同的品茗意境："片片飞花、丝丝眠柳、俯流玩月、坐石品茗"。

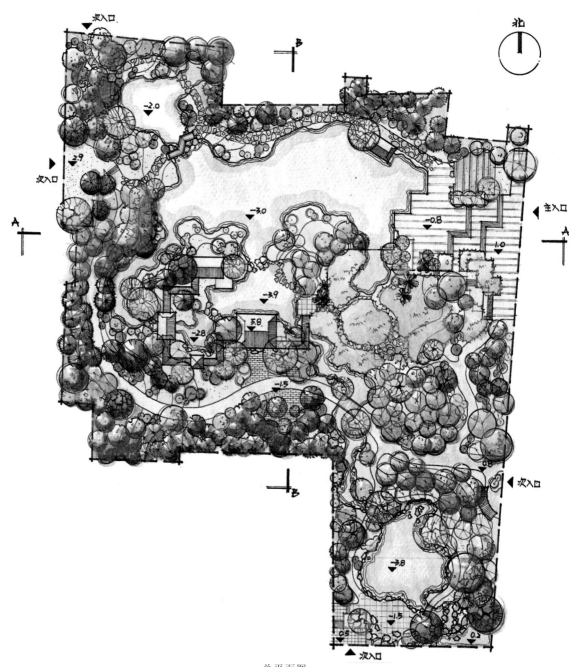

总平面图

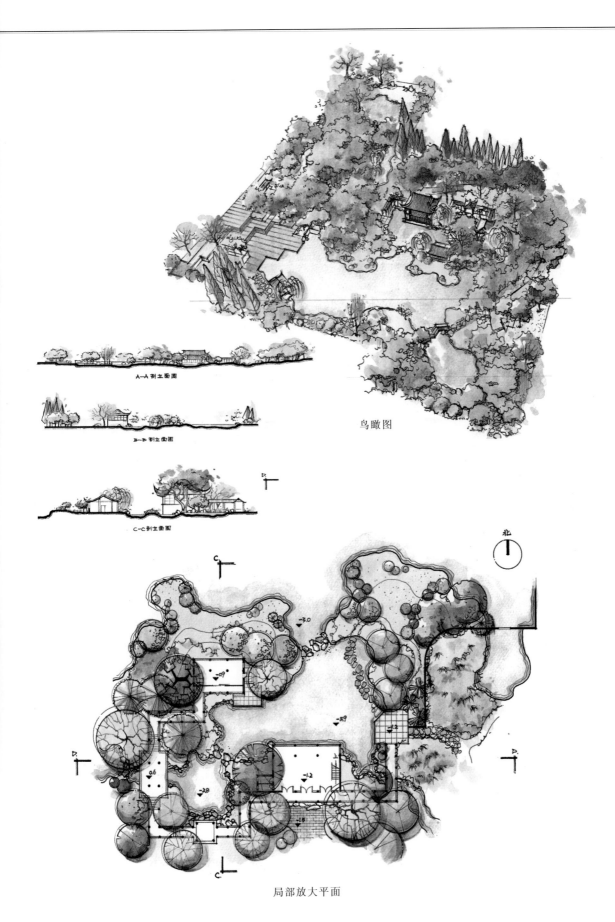

A-A 剖立面图

B-B 剖立面图

C-C 剖立面图

鸟瞰图

北

局部放大平面

小游园设计

学生姓名：解嘉华　2010级
指导教师：夏　欣　夏海燕

　　景语一词来源于王国维的"一切景语皆情语"。游园氛围力求与校园读书环境相协调，宜现代、宜自然。关键词一是"景"，明窗几净、风日晴和，二是"语"，茶室是休闲交流场所可论"家事国事天下事"，可听"风声雨声读书声。"功能分区从人群活动入手，景区分区从感官着眼。

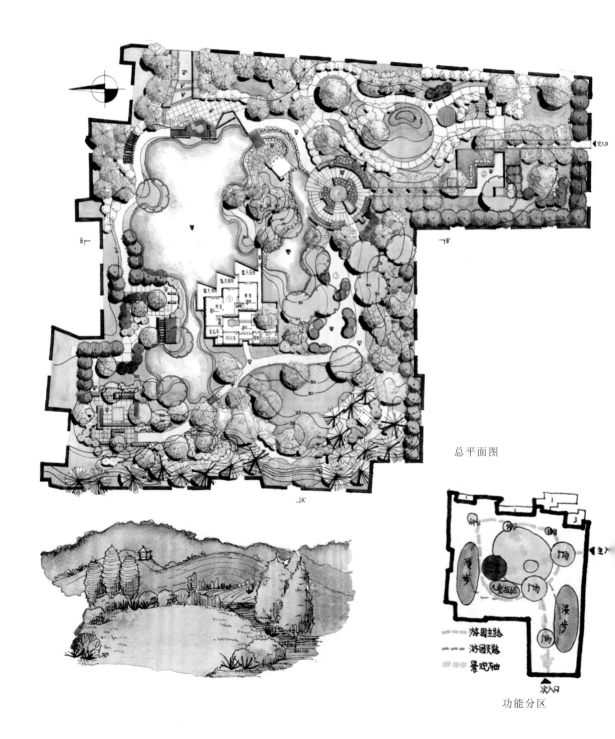

总平面图

功能分区

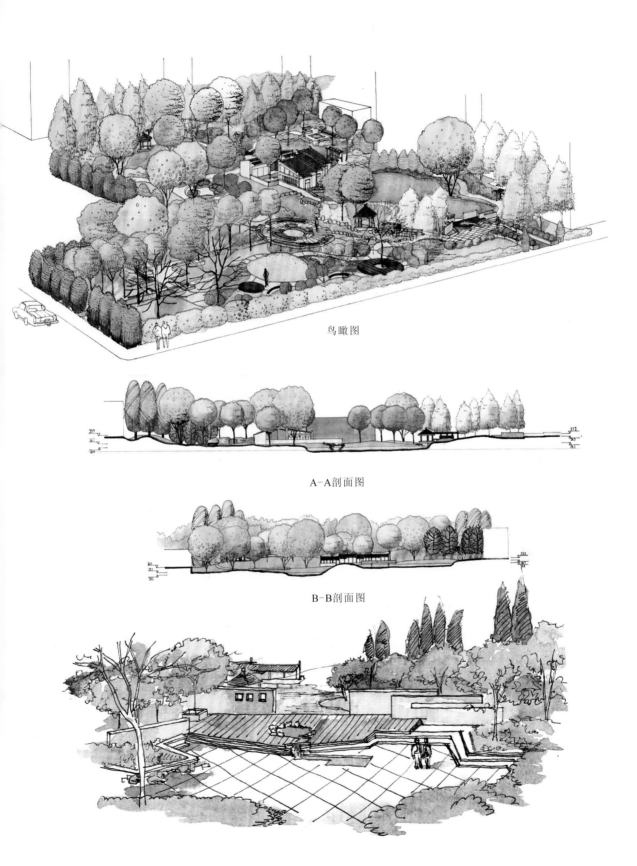

鸟瞰图

A-A剖面图

B-B剖面图

雄楚大道洪山村公园设计

学生姓名：崔文波　1996级
指导教师：高　翅　杜　雁

　　基址位于洪山区洪山村，周边多为农民自建房及厂房。用地现状为农田、水塘，整体地势为东部楔形地块高，中、西部低，有高压线从场地上方穿过。

　　公园要为周边的居民提供一个日常休闲、游憩的场所。要求学生掌握公园设计的基本方法与相关规范，掌握公园基本功能构成、空间组织方法，理解不同使用人群的不同游憩需求，以及相应的空间需求。重点在于因地制宜，因地成景，以"景"构"境"。

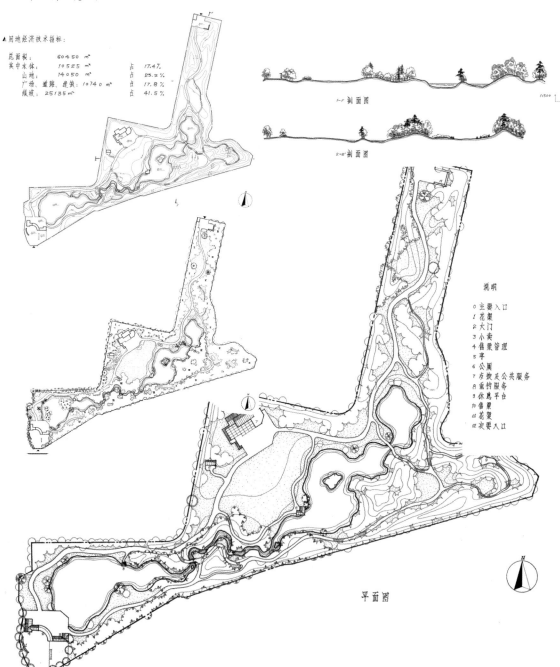

平面图

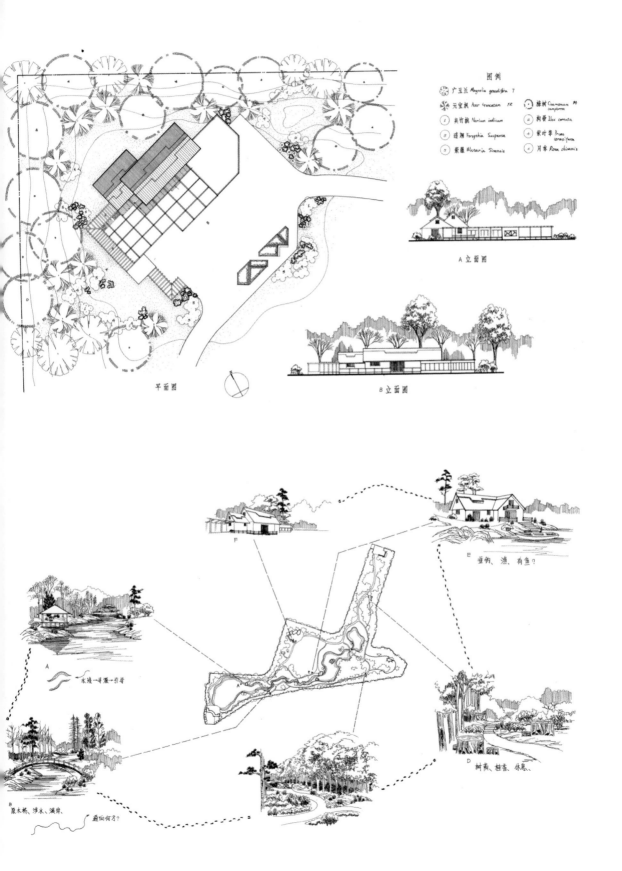

雄楚大道洪山村公园设计

学生姓名：余　畅　1996级
指导教师：高　翅　杜　雁

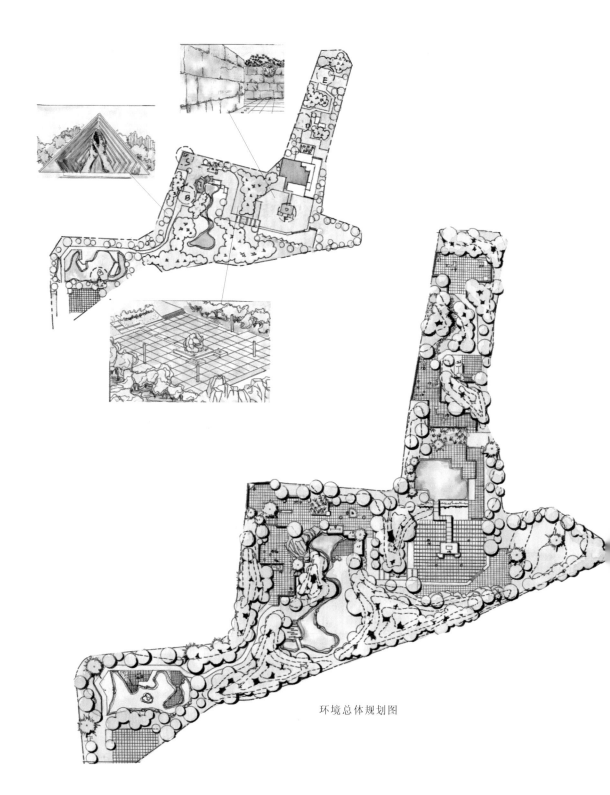

环境总体规划图

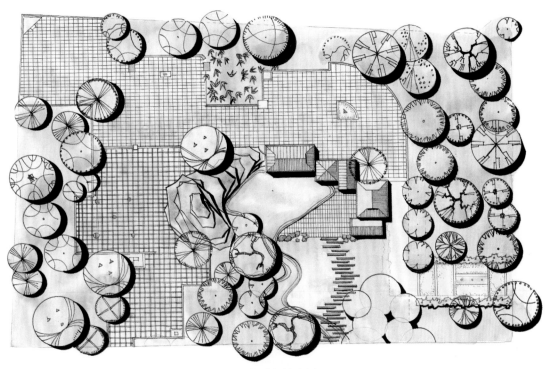

局部详细放大图

1-1剖面图

2-2剖面图

3-3剖面图

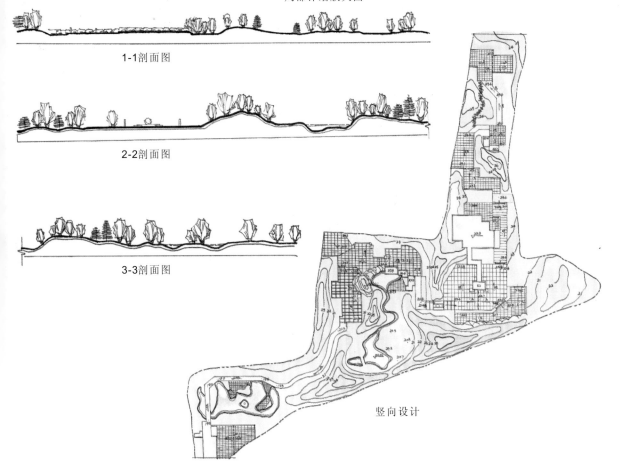

竖向设计

武昌公园改造设计

学生姓名：曾 庆 2004级
指导教师：高 翅 夏海燕

　　以武昌城市中心的城市公园改造为题，要求学生掌握城市公园改造设计的基本方法。学习对基址条件的调查、分析与评价方法，重点研究如何在尊重公园现状条件的基础上构建新的景观体系；学习并了解场地周边用地及资源条件对于公园设计的影响；学习如何以空间组织来引导和疏散大量人流；掌握区域性城市公园在功能定位上的特点；理解现代城市公园与城市空间和视景的关系。

　　方案理念为"凹凸游戏"，源于从场所特征中提炼出"凹凸"这一设计元素，再结合现代人的生活方式提出游戏理念，通过规划性和随意性结合的设计手法，创造出一个富有趣味性的活动场所。在这里，景观的意义不再单纯是视觉刺激，它同时也具有娱乐功能。儿童区的植物迷宫、攀登梯台、中心区的棋盘广场以及中心草坪区纵横交错无目的性的小路等，吸引着人们去参与、交流；高架景观步道及观星台的设置满足了人们登高远眺的欲望，逃离"井底"的闭塞感；连接南北的主要景观轴线也通过空间形态及各种景素的设置而完成了从革命遗址到繁华商业街区的过渡，达到场地和环境以及人之间的和谐。

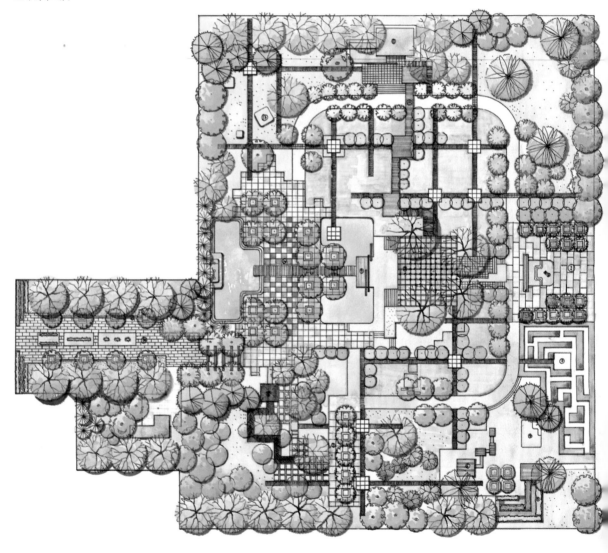

总平面图

鸟瞰图

1-1剖面图

2-2剖面图

武汉王家墩CBD中央公园设计

学生姓名：聂　磊　2005级

指导教师：裘鸿菲　夏海燕

作品名称：容

　　以CBD中心绿地规划设计为题，旨在从区域视角出发，分析自然、社会、经济、文化等方面对场地的影响，通过功能、景象和意境的结合，有效地整合与利用场地中的各种设计要素，注重城市尺度下外部空间的组织与城市整体环境的提升，提高发现问题并通过设计分析解决问题的能力。

　　基址位于武汉市王家墩中央商务区，原为王家墩机场，为更好地发挥该区域的土地潜力和区位优势，拟将该基址建成关服务设施齐全、凸显江城魅力、提升城市整体形象的CBD中央公园，由北部公园、中轴线和南部公园组成，总面积约64公顷。方案立意"容"，寓意"海纳百川，有容乃大"，体现CBD应有的包容之意。公园共分为三段——"天园"、"人脉"、"地园"，寓意天、地、人的融合。"天园"设计简洁自然，登高远眺，尽收佳景；"人脉"利用原机场跑道联系南北，形成变化丰富的水轴，丰富的节点变化弱化了线性空间的单调，富有节奏与韵律；"地园"意仿五行，象征万物，通过色彩与质感变化突出主题。

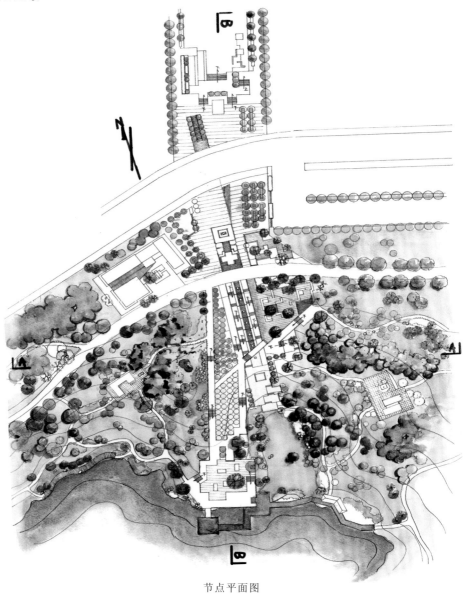

节点平面图

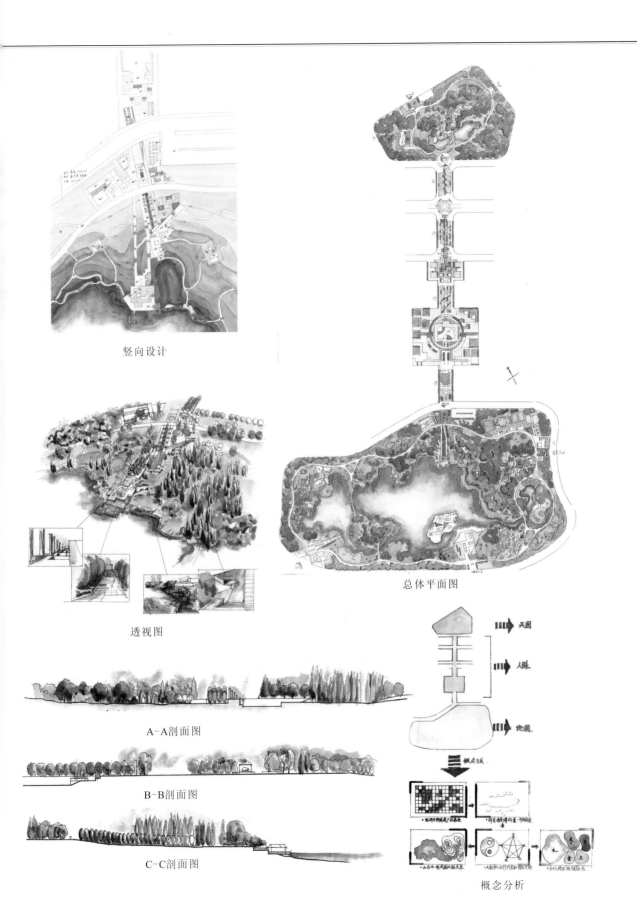

竖向设计

透视图

总体平面图

A-A剖面图

B-B剖面图

C-C剖面图

概念分析

天兴洲公园设计

学生姓名：胡 俊 2007级
指导教师：杜 雁 夏海燕

　　基址位于武汉市青山区天兴洲大桥桥下，北临长江，东西南三面皆为居住区，场地内原为废弃工业用地，面积约14公顷。本次设计目的是提高学生城市综合公园规划设计的能力，熟练掌握公园设计的表达、表现的方法和技能，重点是对基址中废弃工业设施的利用及处理好公园与大桥的关系。

　　此方案以"律动"为概念。公园现有场地中巨大的天兴洲大桥成为场地不可磨灭的印记。随着大桥的通车，火车过境有节奏的撞击声与公园的山水鸟树之声、欢笑之声或撞击或融合，将形成一种种特定的韵律。因此，公园命名为"律动"。场地内存在的大量工业遗存设施与场地环境相融合，作为场地的景观而存在，或独树一帜，或融于山水，体现了旧工业与新环境之间良好的契合。

总平面图

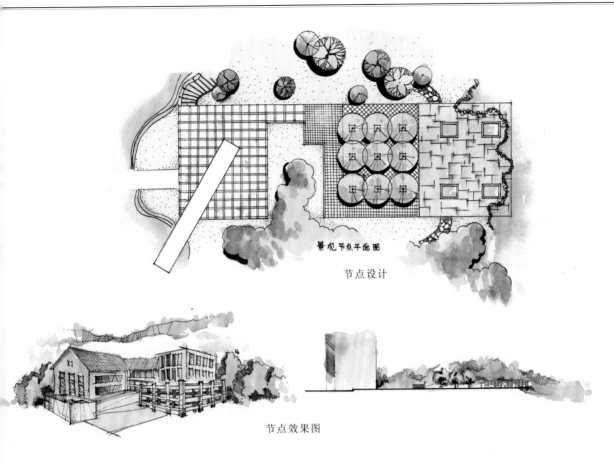

景观节点平面图

节点设计

节点效果图

竖向设计

交通分析

山水格局

天兴洲公园设计

学生姓名：赵礼梅　2007级
指导教师：杜　雁　夏海燕

　　此方案主题为"重生"。青山区曾有"十里钢城"之美誉，但随着社会发展，其面临着产业更新与功能重组，不少的工厂面临废弃和拆迁。场地周边和内部有不少工厂已被拆除，场地内的建筑、设施等都是工厂留下的痕迹，赋予场地特殊的意义和价值。公园以"重生"命名，蕴含了环境恢复的寓意，即环境与工业和谐发展和场地周边及场地内工厂的"再存在"。通过对场地遗留的利用来表达主题，进行环境塑造。

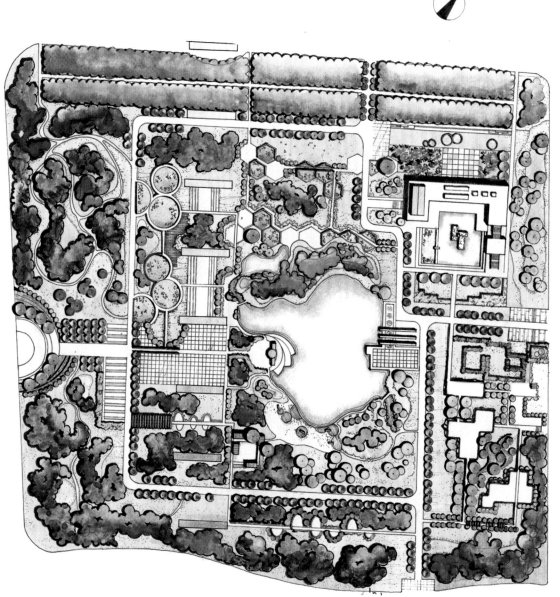

总平面

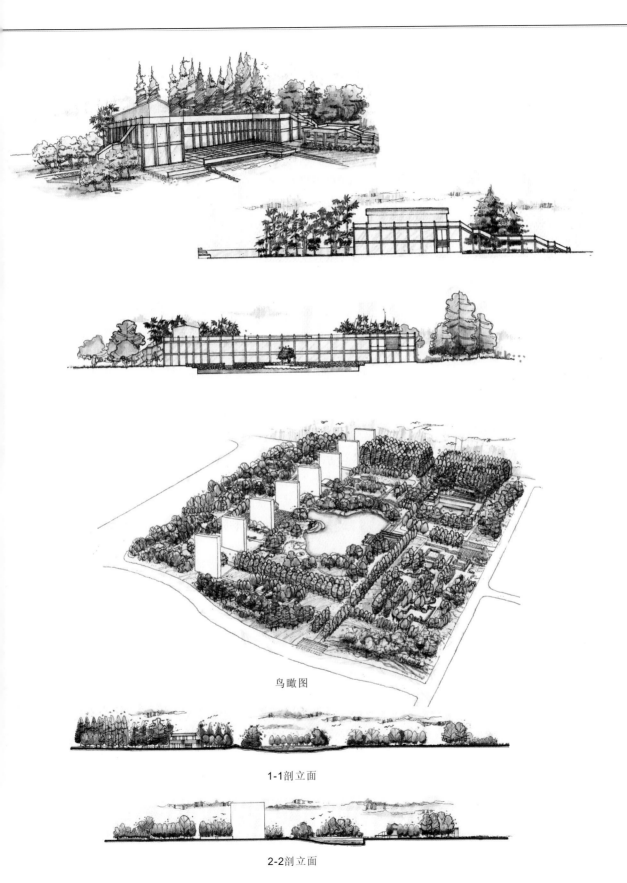

鸟瞰图

1-1剖立面

2-2剖立面

杨桥湖公园设计

学生姓名：聂　磊　2005级
指导教师：杜　雁　夏海燕

　　基址位于武汉市藏龙岛开发区汤逊湖畔。山环水抱，自然条件优越，具有较为丰富的生物资源。如何挖掘和理解基址自然资源特色，保护与改造并行，同时还要满足未来周边大量居民、高校人群的休闲游憩需求，是本次课程设计的重点。

　　方案本着保护自然、适当改造的原则，在充分利用基址山水格局的基础上，强化其自然、朴野的风景特征。整体布局上以"时间"与"生命"两条轴线的交汇突显生命价值，"时间"轴线演变历史变迁，"生命"轴线见证人生成长。台地、梯田、丛林突显自然趣味，休闲屋、陶艺馆体验生活。公园北面向杨桥湖大水面敞开，借湖入景，将游人视线无限延伸。设计师期待以丰富的色彩和设计要素创造一个可以让人释放的天堂。

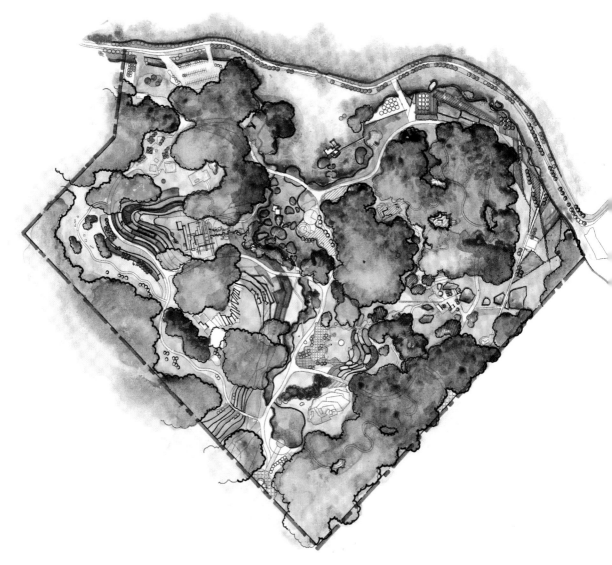

种植设计

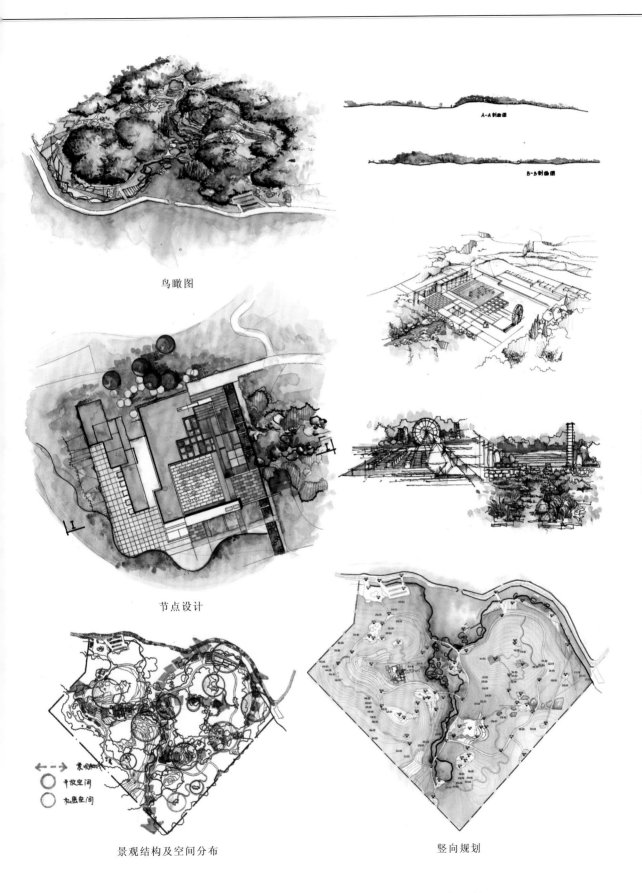

A-A剖面图

B-b剖面图

鸟瞰图

节点设计

景观结构及空间分布

竖向规划

磨山公园设计

学生姓名：方凌波　2010级
指导教师：王　玎　夏海燕

　　本次设计从区域角度出发，分析交通、文化，特别是自然山水骨架、植被、地势等因素对场地的影响，并思考如何因地制宜地利用，以创造丰富有序的整体空间环境。基址位于武汉市喻家山北部，西侧是鲁磨路，南边是喻家山北路，场地现状内有农田和水塘，面积约18公顷。

　　方案以"聚"为设计理念，从空间和功能上着力营造引人入"聚"的游憩场所。全园规划有儿童活动区、老年活动区、中心大草坪、野营草坪、露天观演区等功能区，满足不同人群的休闲游憩需求。疏密强烈对比的空间序列营造一种"翳然林水"之境，使心灵得以栖息和漫游。

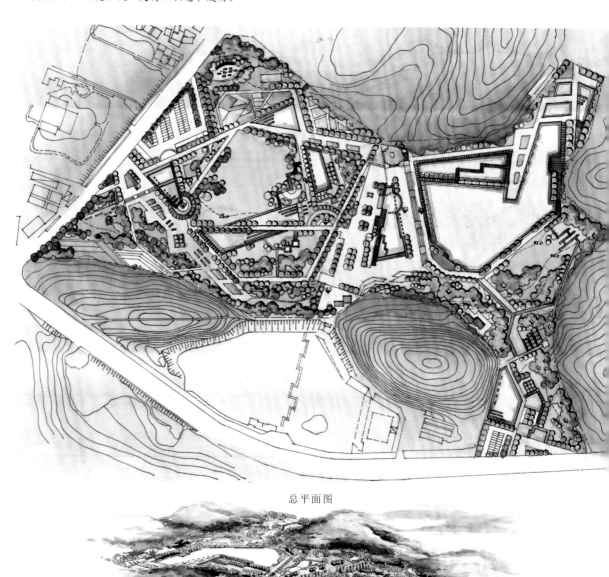

总平面图

鸟瞰图

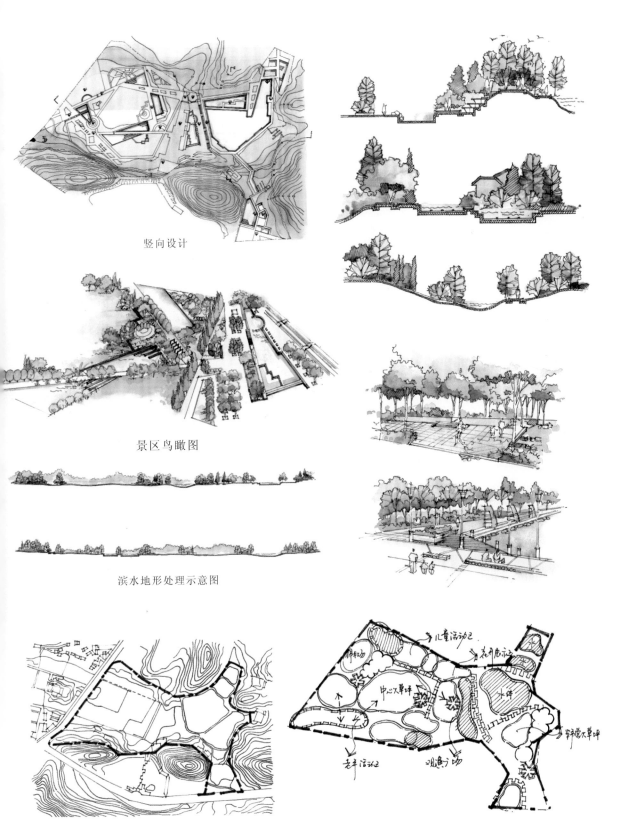

竖向设计

景区鸟瞰图

滨水地形处理示意图

功能分区

孝感市邓家河公园设计

学生姓名：赵家旭　2009级
指导教师：夏　欣　王　玏
作品名称：溯　源

　　以城市湿地公园设计为题，要求以风景资源调查、分析和评价为基础提出场地设计要素的整合与利用方案，强化设计逻辑体系和人在景与境中的体悟。

　　基址位于孝感市高新区中央核心绿地北端，面积约20公顷，规划建设延续场地自然风貌特征，生物多样性丰富的城市湿地公园。方案以"上善若水，厚德载物"为概念，结合基址现有水系，将水的"静、智、修"三种境界融于湿地公园之中，给人以接近自然、洗涤心灵之感。利用地下和高架方式解决被城市干道分割的南、北场地间的联系。

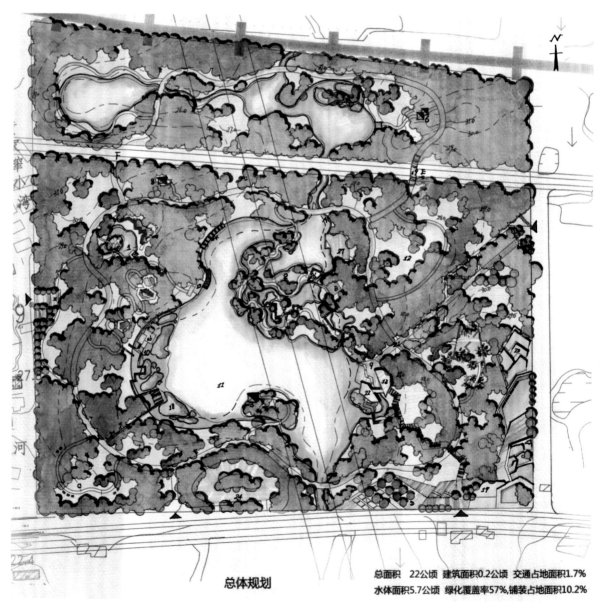

总体规划

总面积　22公顷　建筑面积0.2公顷　交通占地面积1.7%
水体面积5.7公顷　绿化覆盖率57%，铺装占地面积10.2%

总平面

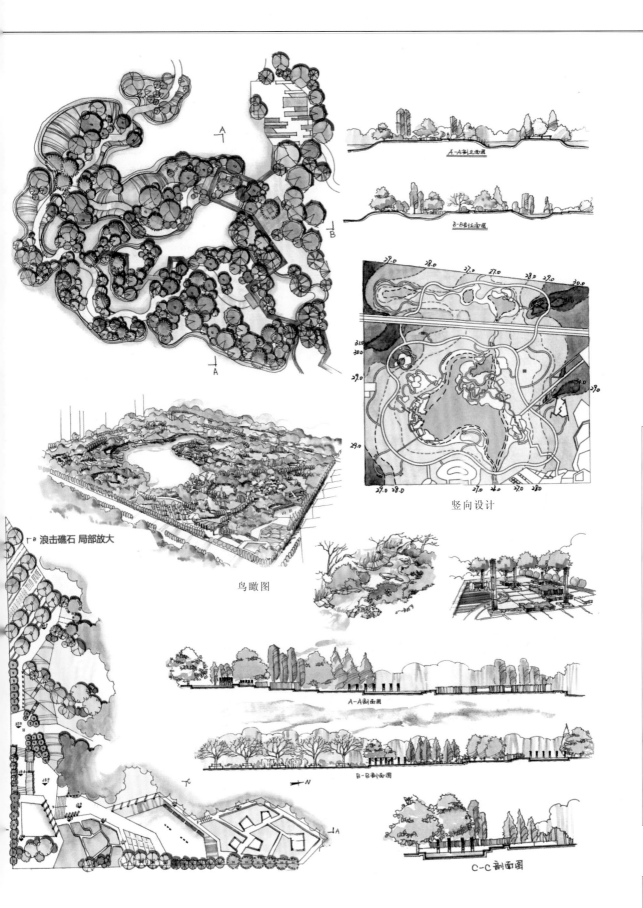

A-A剖立面图

B-B剖立面图

竖向设计

浪击礁石 局部放大

鸟瞰图

A-A剖面图

B-B剖面图

C-C剖面图

孝感市邓家河公园设计

学生姓名：白　瑾　2009级
指导教师：夏　欣　王　玏
作品名称：共　融

　　"共融"来自于对场地肌理的理解，利用邓家河季节性涨落特征，将旱季干涸的河道营建成下沉的游憩空间，将雨水源充沛的河道营造成容纳多种亲水活动体验的滨水空间。通过水网与路网的交织成环，以"环环相扣"的态势将人、自然、生态与城市、保育与游憩相融合。

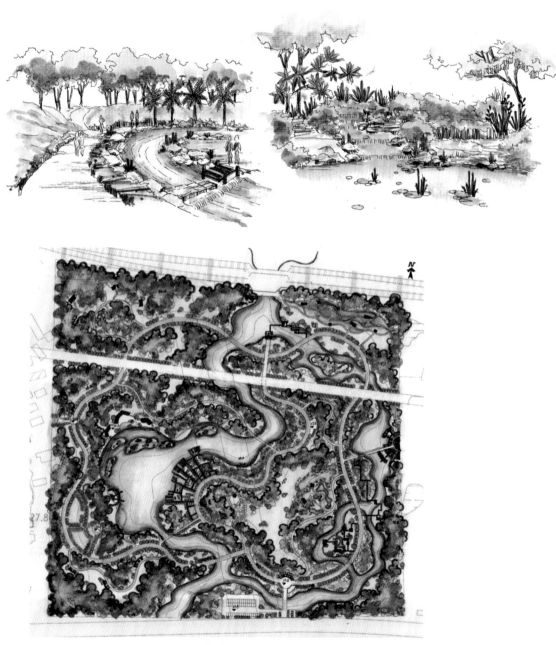

总平面图

节点放大

A-A剖面图

B-B剖面图

C-C剖面图

交通规划图

鸟瞰图

华中农业大学南湖沿湖风光带植景规划设计

学生姓名：郝思嘉　2008级
指导教师：高　翅　杜　雁　夏海燕　夏　欣
作品名称：吐纳的艺术

　　根据线型滨水空间的重要组景因素，以视线为切入点，综合分析了场地周边与场地内植物群落所构成的空间关系，
突出南湖东路沿线植景空间的营造、滨水驳岸改造和建筑小品布置，凸显植物的文化内涵对体现场地内在精神，创造自
然与文化相和谐的植景空间的重要作用。

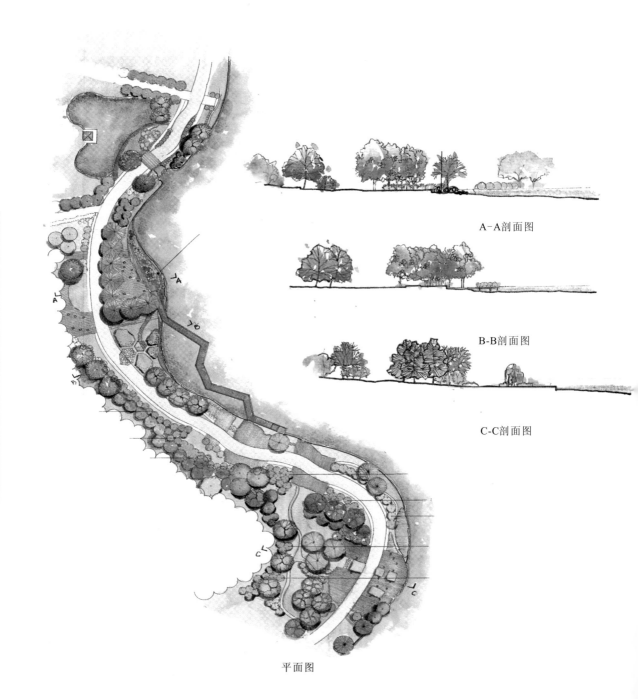

A-A剖面图

B-B剖面图

C-C剖面图

平面图

A-A剖面图　　　　　　　　　　　　B-B剖面图

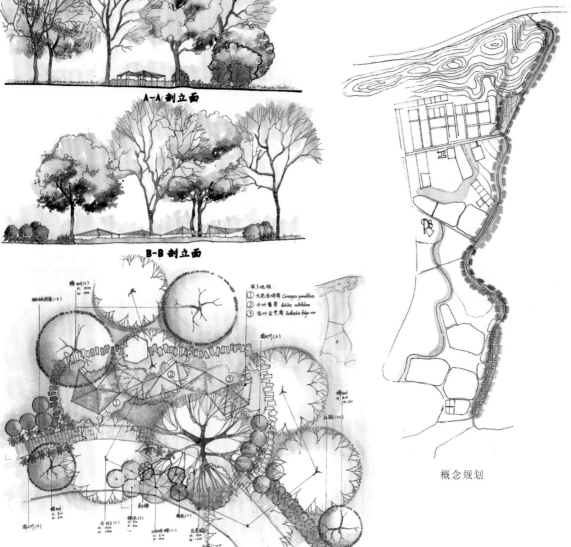

概念规划

华中农业大学南湖沿湖风光带植景规划设计

学校姓名：杨叠川　2009级
指导教师：夏海燕　朱春阳
作品名称：水之湄

通过对南湖东路沿岸自然条件、交通、空间序列与植物群落的综合分析，着力解决如何实现从滨水到亲水，营造"湄"这样一种水陆交接的边缘地带的朦胧意境。方案以驳岸的自然式改造为载体，突出不同亲水方式对功能分区、空间意境以及植物群落的影响，通过适宜的空间组织，形成湖湾、洲、岛等多种滨水植景空间，丰富滨水岸线。

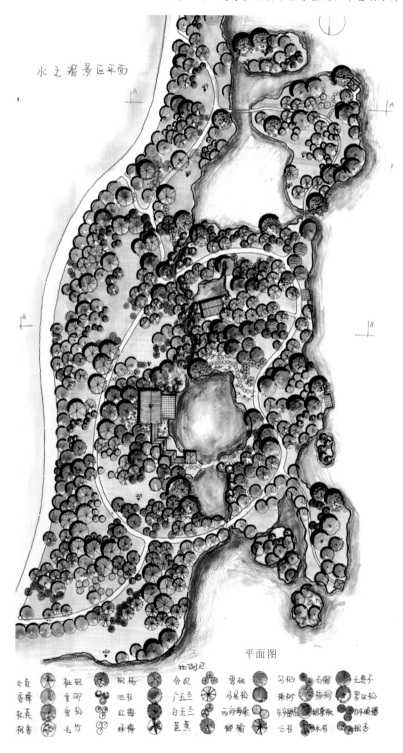

水之湄景区平面

平面图

鸟瞰图

景区透视图

华中农业大学南湖沿湖风光带植景规划设计

学校姓名：芦丛琳　2010级
指导教师：夏　欣　夏海燕
作品名称：沟通

基址分析关注使用现状与潜在功能，"沟通"既体现在创造多样的植景空间，也表现为植景联系人与自然、校园的历史与未来。方案突出植物群落与不同活动场地和景素的结合。植景设计尊重原有植物群落，以增加季相特色、丰富林下空间，实现变化中的统一。多样的水景与空间，与富有地域性的植物群落形成多彩的校园风光走廊，使之成为在自然中交流、学习、放松、领悟的场所。

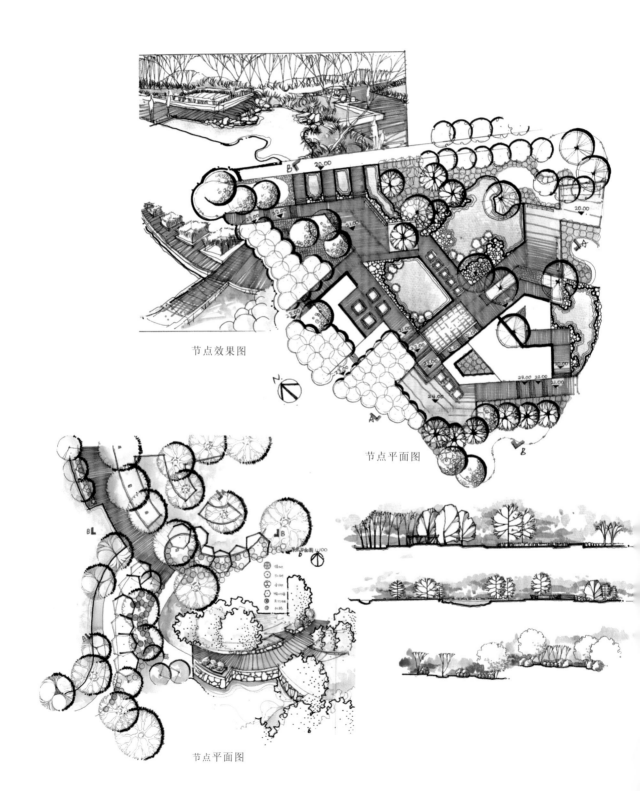

节点效果图

节点平面图

节点平面图

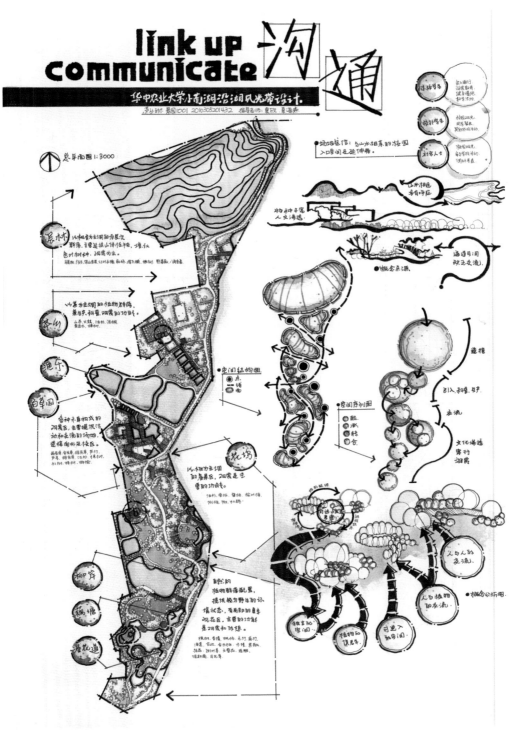

总平面

华中农业大学南湖沿湖风光带植景规划设计

学生姓名：方凌波　2010级
指导教师：夏　欣　王　玏
作品名称：后花园的回廊

　　根据校园绿地系统布局定位南湖东路风光带，提出设计概念。以行为观察为依据分析不同使用功能、不同时段的场地使用状况及其对植景营造的影响。方案基于沿湖风光对周边环境的渗透，形成多条交错的绿色廊道。以狮子山次生植被和武汉地区滨水植物群落为模本进行植物与群落选择，创造开合有度、动静相宜、层次丰富、季相明显的植景。具体设计注重空间氛围的营造。

总平面

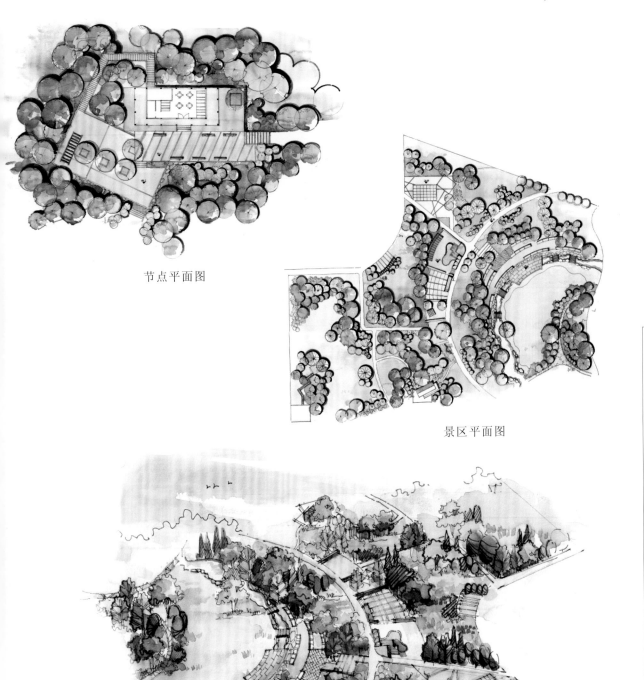

节点平面图

景区平面图

鸟瞰图

毕业设计

华中农业大学植物生产类教学实践基地规划与设计

学生姓名：邹维娜　秦安华　常彦超　1997级
指导教师：高　翅　王宇欣

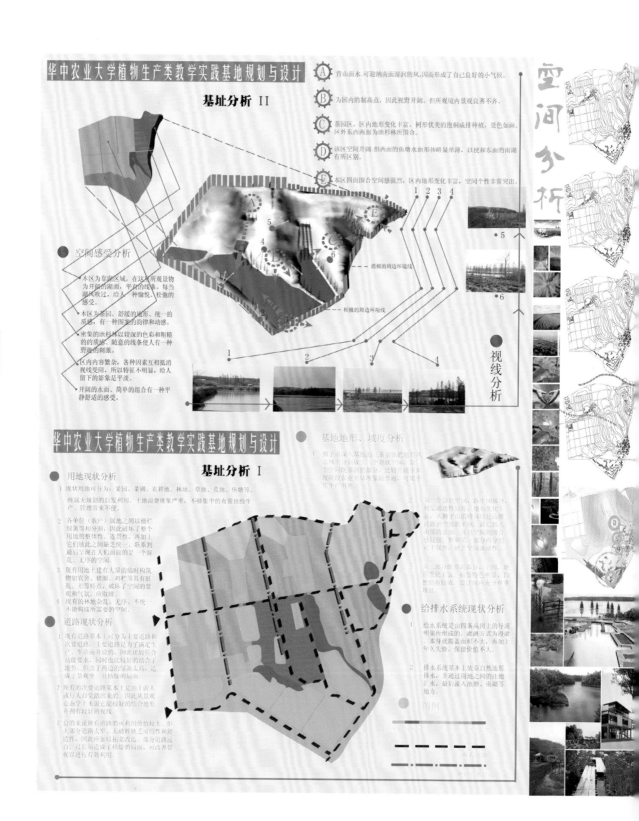

充分利用基址背风向阳、微地形变化较为丰富的特质，因高就低、随行附势地布置农学、园艺、园林、农业资源与环、水产、茶学等专业实践教学所需求的空间与场所的基础上，合理分区、点线面结合地布局游赏内容。

华中农业大学植物生产类教学实践基地规划与设计

学生姓名：张维锋　李　东　喻有慧　谢启姣　1997级
指导教师：高　翅　王宇欣

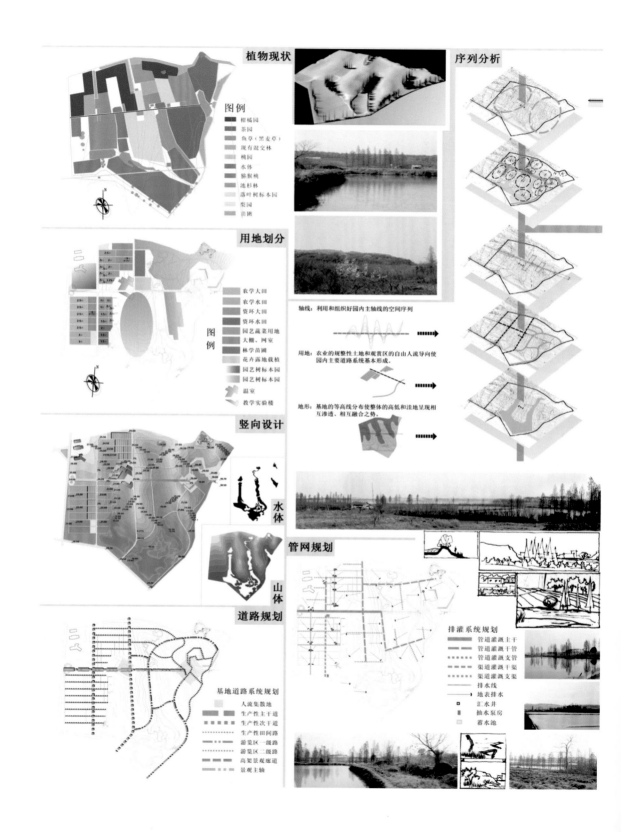

植物现状

序列分析

图例
　相橘园
　茶园
　鱼草（黑麦草）
　现有混交林
　橄园
　水体
　绦柳林
　池杉林
　落叶树标本园
　梨园
　苗圃

用地划分

图例
　农学大田
　农学水田
　资环大田
　资环水田
　园艺蔬菜用地
　大棚、网室
　林学苗圃
　花卉露地栽植
　园艺树标本园
　园艺树标本园
　温室
　教学实验楼

轴线：利用和组织好园内主轴线的空间序列

用地：农业的规整性土地和观赏区的自由人流导向使园内主要道路系统基本形成。

地形：基地的等高线分布使整体的高低和洼地呈现相互渗透、相互融合之势。

竖向设计

水体

山体

管网规划

道路规划

基地道路系统规划
　人流集散地
　生产性主干道
　生产性次干道
　生产性田间路
　游览区一级路
　游览区二级路
　高架景观廊道
　景观主轴

排灌系统规划
　管道灌溉主干
　管道灌溉干管
　管道灌溉支管
　渠道灌溉干渠
　渠道灌溉支渠
　排水线
　地表排水
　汇水井
　抽水泵房
　蓄水池

基于基址山水关系、用地性质，力图创造一种山水相融、天人相和的柏拉图式学园环境，"融·合"主题巧妙地融入园规划和设计之中。

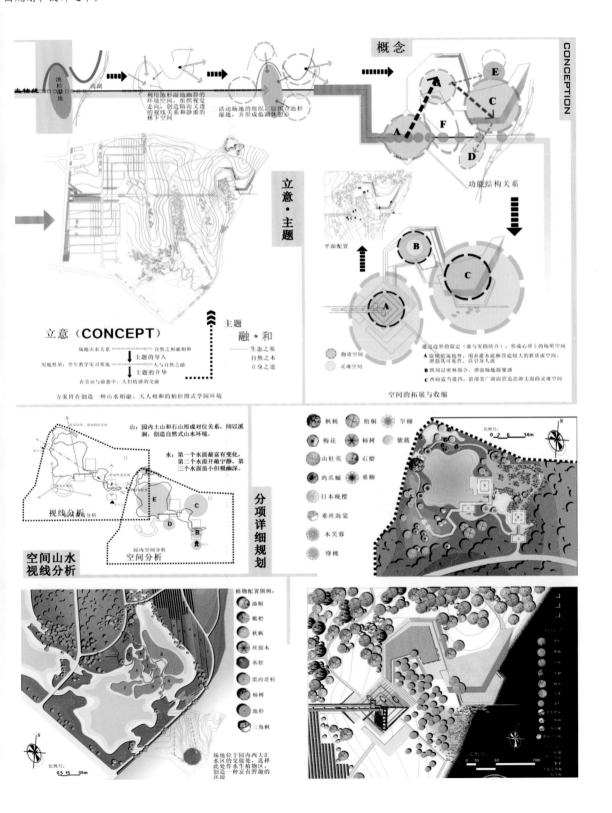

武汉现代农业科技博览园规划

学生姓名：鄂树成　邓永敏　2004级

指导教师：张　群

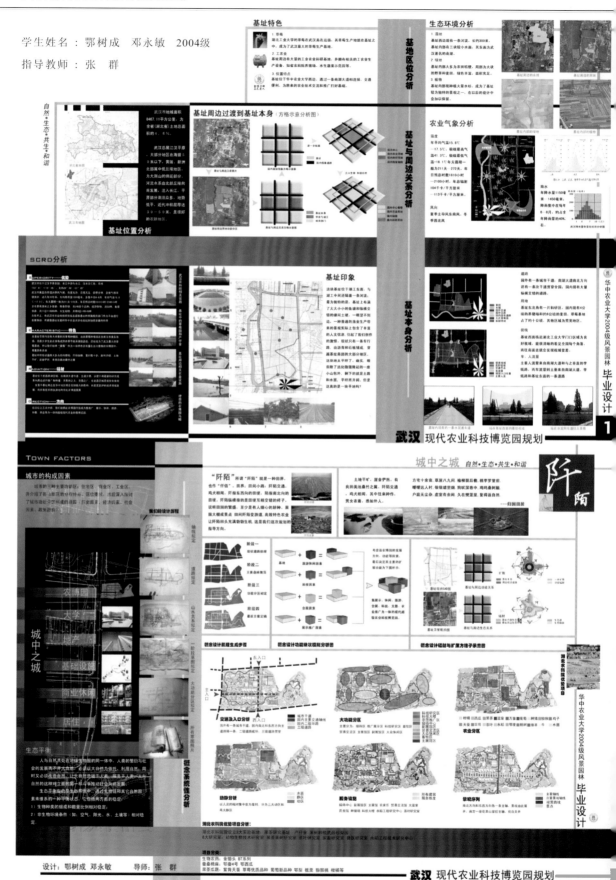

设计：鄂树成　邓永敏　　导师：张　群　　　　　　　武汉 现代农业科技博览园规划

方案充分利用基址阡陌纵横、山、水、田、棚交织的机理，因地制宜地将会展、科教、休闲等功能于布置其中，既突场地农耕文明的烙印，又体现现代高科技农业产业的特征，并与中心城区环境相交融，追求"城中有园，园中有城"。

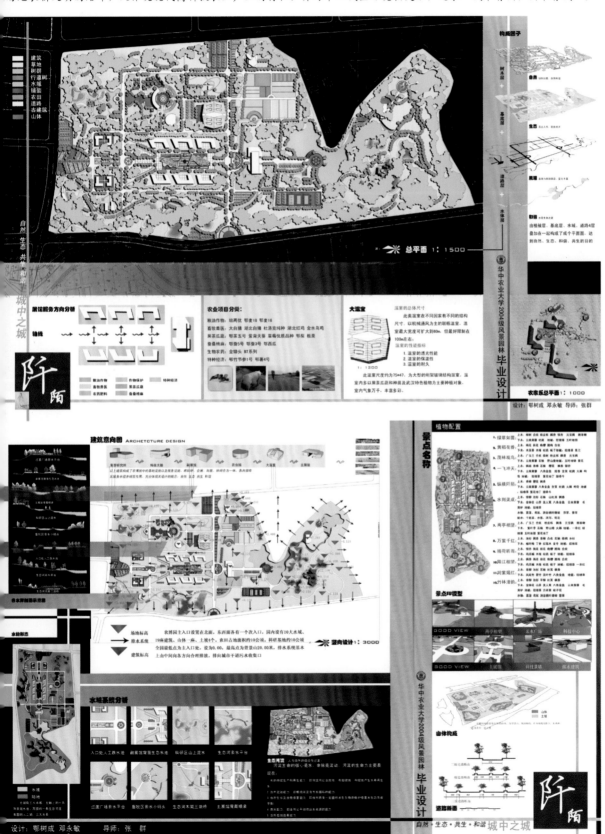

汉口近代租界区公共开放空间更新规划

学生姓名：柳超强　陈张平　孙媛婧　杨　丹　张　楠　2005级
指导教师：杜　雁

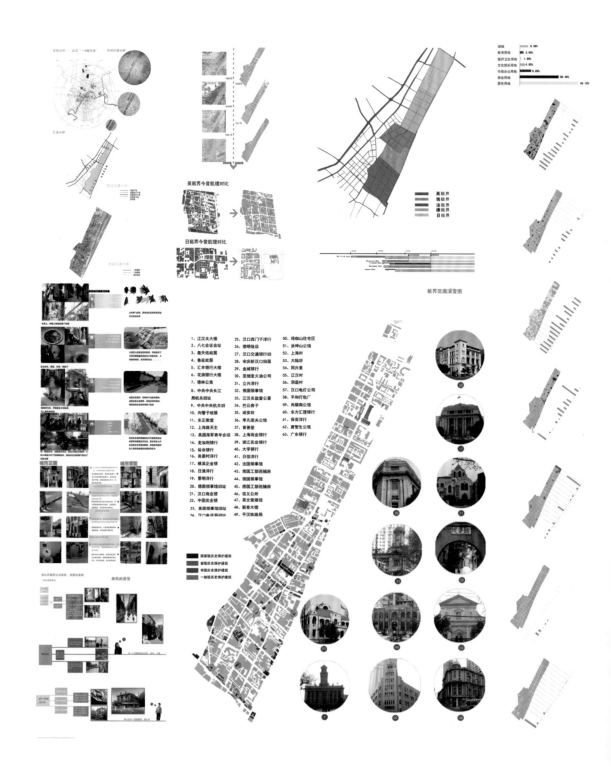

　　汉口近代租界区面临着基础设施落后、建筑破落、环境恶化、居住人群老龄化和低收入等一系列问题，规划以触媒的念和方法更新其公共开放空间，改善基址内的基础设施和生活环境，加强历史文化资源的利用，为该地区树立发展信心，发自主更新意愿，将汉口近代租界区建设成既具有独特近代历史风貌，又适应现代生活的富有生机活力的城市核心区。

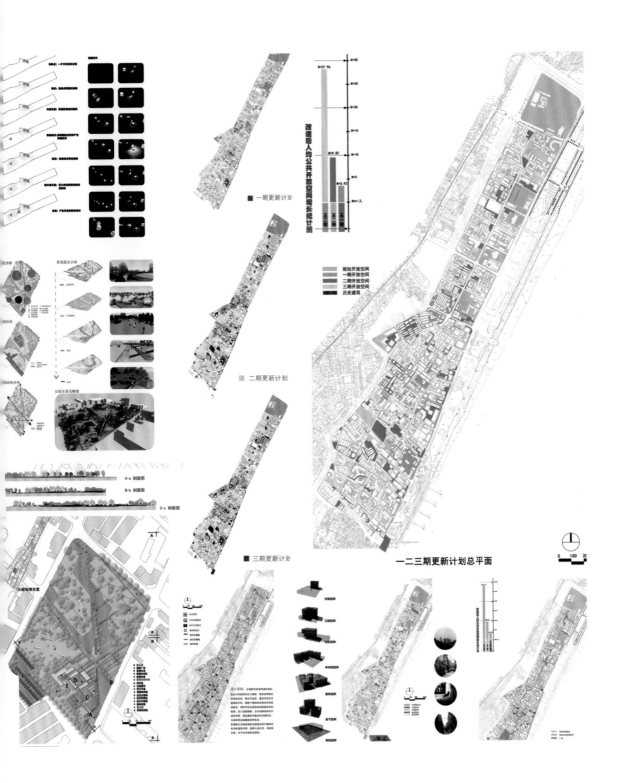

跨越棕地的对话——湖北省咸宁市锦隆住宅区规划设计

学生姓名：王　瑶　张少锦　沈超然　2006级

指导教师：何　成

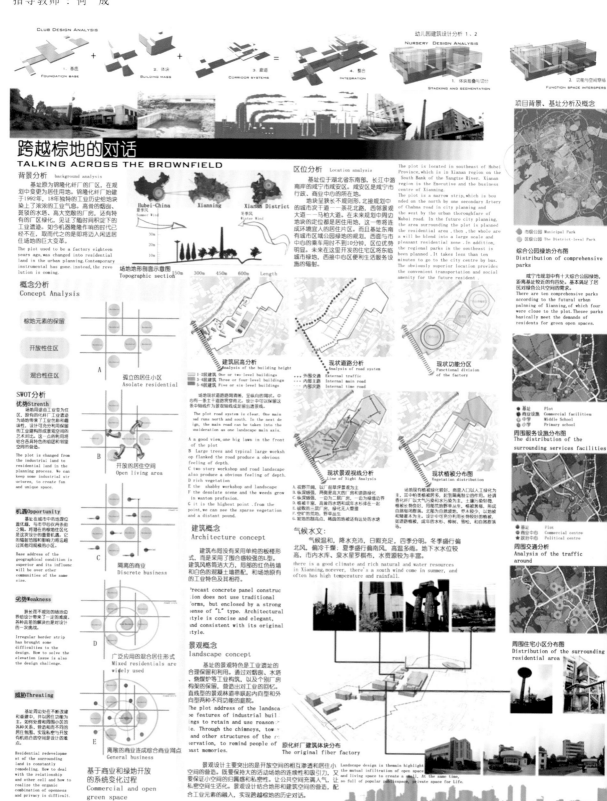

基址为咸宁市锦隆化纤厂厂区，方案保留基址的积极元素，通过保留、对比、叠加等融入新住区。

跨越棕地的对话

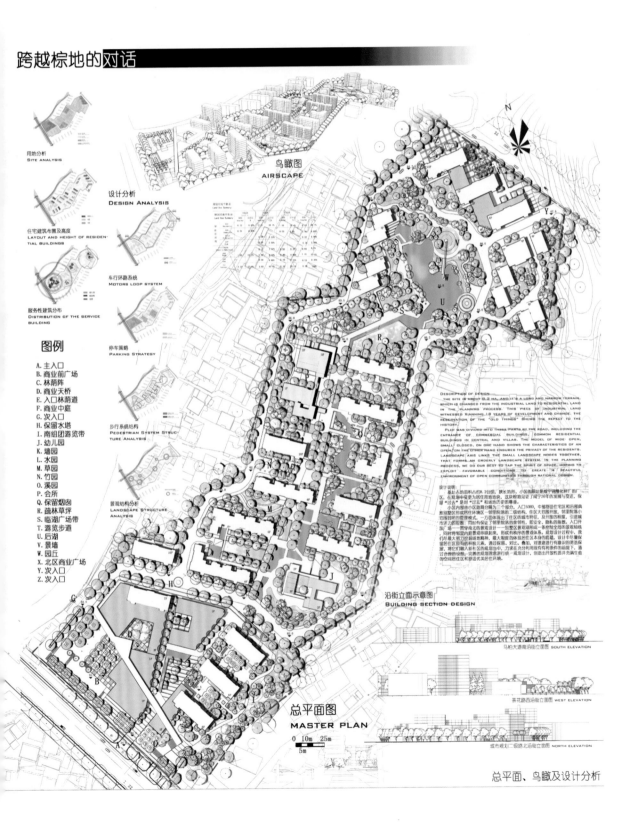

用地分析
Site analysis

设计分析
DESIGN ANALYSIS

住宅建筑布置及高度
LAYOUT AND HEIGHT OF RESIDENTIAL BUILDINGS

车行环路系统
MOTORS LOOP SYSTEM

服务性建筑分布
DISTRIBUTION OF THE SERVICE BUILDING

停车策略
PARKING STRATEGY

图例

A. 主入口
B. 商业前广场
C. 林荫阵
D. 商业天桥
E. 入口林荫道
F. 商业中庭
G. 次入口
H. 保留水塔
I. 南组团游览带
J. 幼儿园
K. 墙园
L. 水园
M. 草园
N. 竹园
O. 溪园
P. 会所
Q. 保留烟囱
R. 疏林草坪
S. 临湖广场带
T. 游览步道
U. 后湖
V. 景墙
W. 园丘
X. 北区商业广场
Y. 次入口
Z. 次入口

步行系统结构
Pedestrian System STRUCTURE ANALYSIS

景观结构分析
LANDSCAPE STRUCTURE ANALYSIS

鸟瞰图
AIRSCAPE

DESCRIPTION OF DESIGN

总平面图
MASTER PLAN

0 10m 25m
5m

沿街立面示意图
BUILDING SECTION DESIGN

马柏大道南沿街立面图 SOUTH ELEVATION

茶花路西沿街立面图 WEST ELEVATION

城市规划二级路北沿街立面图 NORTH ELEVATION

古韵新城——岳阳楼广场及望岳公园设计

学生姓名：李敬贤　牛　茜　叶　坤　朱　屹　2006级
指导教师：张　斌

利用场地高差，营造山体堆积的效果，重现岳阳楼高居一地的雄伟气势，并将洞庭湖畔、岳阳楼广场、街头公园及山联系成一个系统，为游人提供一个可观、可游、可留、可憩的空间与环境。

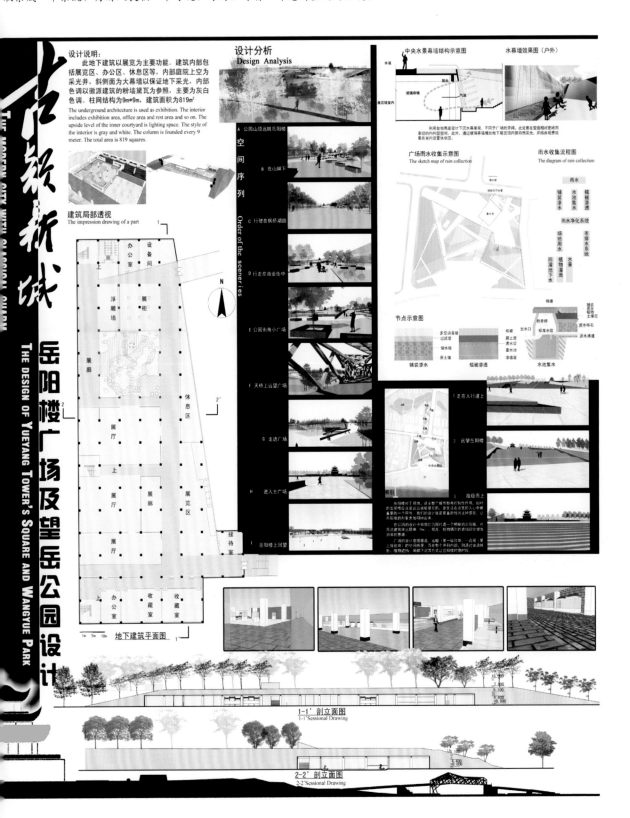

三生水——北京市南水北调调蓄湖公园概念规划

学生姓名：庄晓平　杨嘉杰　张　媛　徐望朋　2006级
指导教师：杜　雁

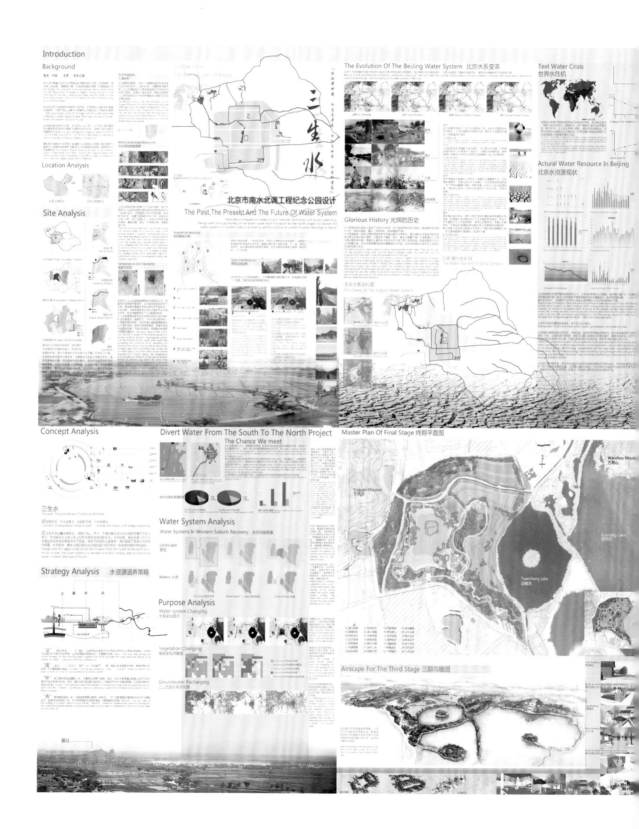

　　将恢复历史上的玉泉水系与现代的水利工程相结合，针鉴于北京市地下水资源开采严重，提出"止"、"通"、"补"、"养"的水资源涵养策略。利用调蓄池设置"湖中湖"，实施给水回灌，以其重现恢复玉泉水系和养水湖湿地，立地面水系与地下水系联通的立体水网系统。

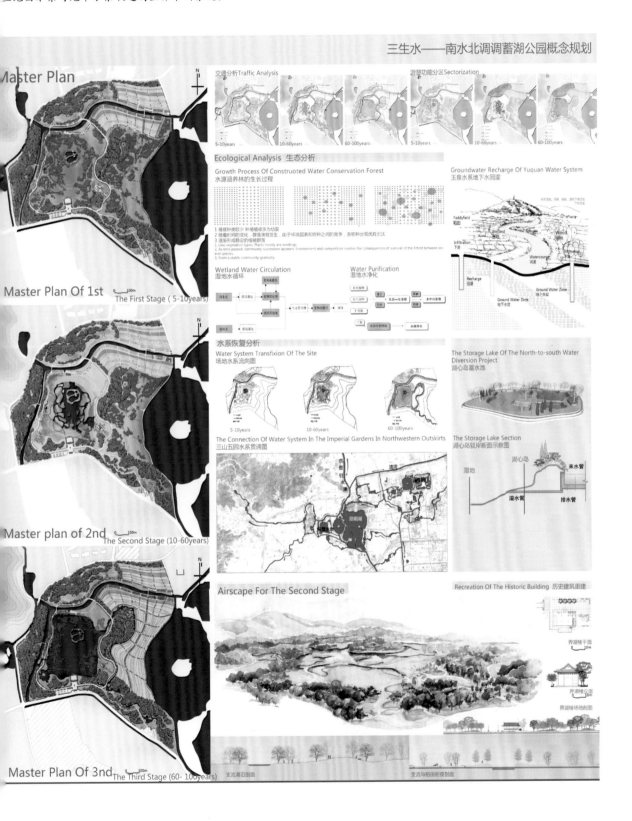

"甦境"——湖北省省直机关大院环境改造设计

学生姓名：吴 侃 韩 蔚 2007级
指导教师：秦仁强

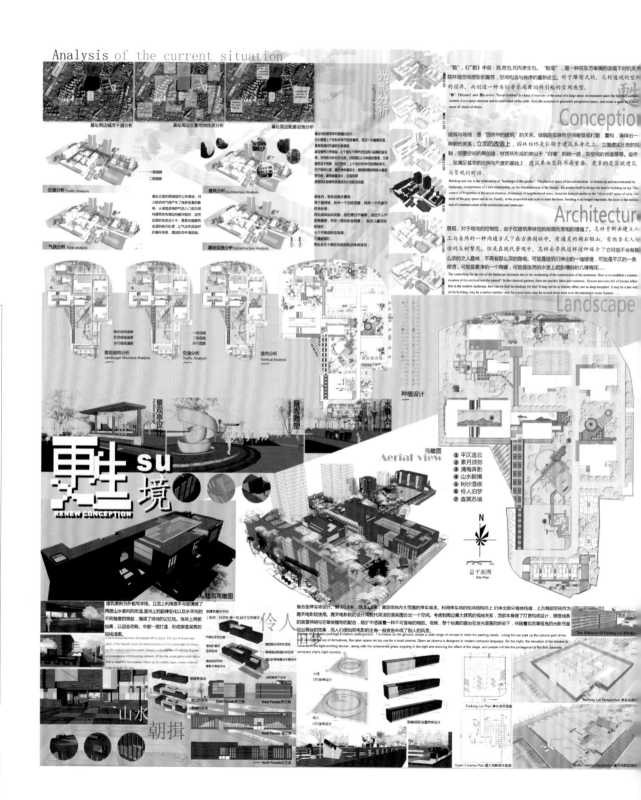

改造设计重点研究和解决了此前缺乏合理规划设计、建筑年代跨代久远、基础设施破旧、绿化率低、缺乏集中停车位问题，使场地从无序混乱中甦醒，焕发生机，力图创造有传统文化韵味和地方特色的公共空间与里分院落空间。

桃源新记——武汉市江夏区五里街镇农业观光园规划设计

学生姓名：胡雪芹 陈靓洁
陈 珍 吴春萍
张 尧 2007级
指导教师：夏海燕

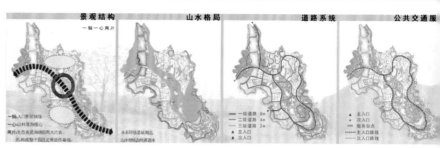

景观结构　　山水格局　　道路系统　　公共交通服

概念设计

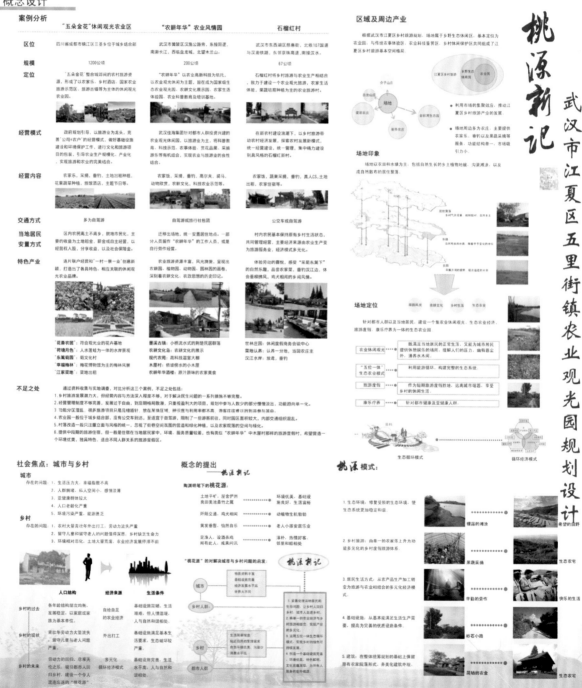

　　立足农业生态设施及技术应用，完善乡村生活及生产基础设施，最大限度保留民居建筑、田间大树、灌溉水渠等乡村貌标志物，同时充分利用场地山水空间，构建丰富的乡村游憩场所。农业生产与旅游服务结合的发展模式，是居者、游皆可"怡然自乐"的新"桃花源"。

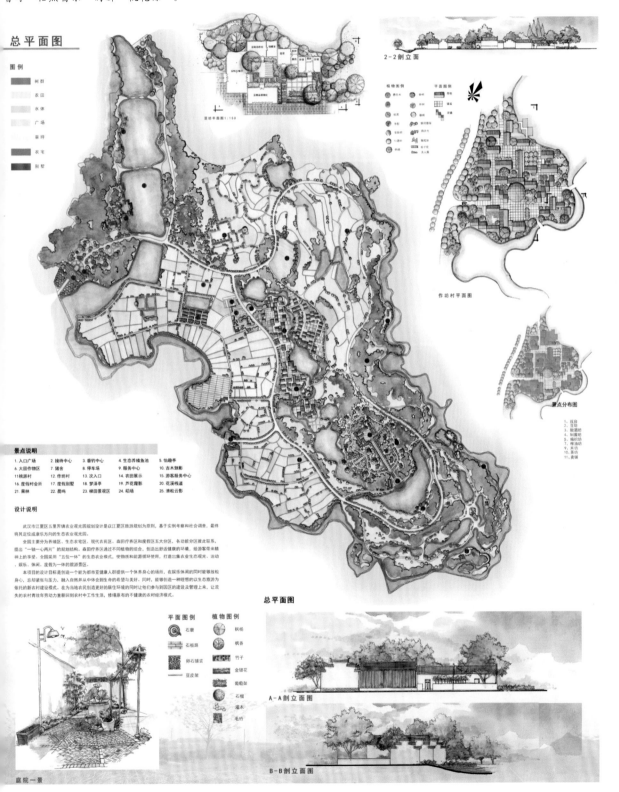

总平面图

图例

- 树群
- 农田
- 水体
- 广场
- 草坪
- 农宅
- 别墅

景点说明

1. 入口广场　2. 接待中心　3. 垂钓中心　4. 生态养殖鱼池　5. 怡趣亭
6. 蜻会　7. 次入口　8. 服务区　9. 古木旗鼓　10. 游客服务中心
11. 桃源村　12. 作坊村　13. 农田展示　14. 芦花霞影　15. 花溪栈道
16. 度假村会所　17. 度假别墅　18. 梦泽亭　19. 芦花霞影　20. 花溪栈道
21. 黑林　22. 晨鸣　23. 梯田景观区　24. 稻场　25. 清松云影

设计说明

武汉市江夏区五里界镇农业观光园规划设计是以江夏区旅游规划为原则，基于实例考察和社会调查，最终将其定位成康乐方向的生态农业观光园。

全园主要分为养殖区、生态农宅区、现代农庄区、森田疗养区和园艺区五大分区，各功能分区彼此联系，提出"一轴一心两片"的规划结构，森田疗养区通过不同植物的组合，绘出最客带来精神上的享受，全园采用"五位一体"的生态农业模式，使物质和知识游循环利用，打造出集农业生态观光、活动、娱乐、休闲、度假为一体的旅游景区。

本项目的设计目标是创造一个能为都市亚健康人群提供个体养身心的场所，在娱乐休闲的同时能够给松身心、忽视缓急与压力，融入自然并从中体会到生命的希望与美好，同时，能够创造一种理想的以生态游方为佳托的新农村建设模式。在为当地农民创造更好的居住环境的同时也引参与到园区的建设与管理中来，让流失的农村青壮年劳动力重新回到农村中工作生活，修缮原有的不健康的农村经济模式。

平面图例
- 石磨
- 石板路
- 卵石铺装
- 豆皮架

植物图例
- 枫杨
- 枫香
- 竹子
- 金银花
- 葡萄架
- 石榴
- 灌木
- 毛竹

庭院一景

2-2剖立面

作坊村平面图

景点分布图

1. 观音
2. 生纸坊
3. 酿酒坊
4. 粉坊
5. 编织坊
6. 榨油坊
7. 米坊
8. 茶坊
9. 米行
10. 豆坊
11. 杂铺

豆坊平面图1:150

总平面图

A-A剖立面图

B-B剖立面图

朝舞——山东省荣成天鹅湖保护区恢复性规划

学生姓名：谢德灵　刘　洋　景　文　何永照　2007级
指导教师：裴鸿菲

以保持完整的泻湖湿地生态系统为特色，保护大天鹅等珍稀鸟类种群为主题，保存优良的生态湿地生态环境，为鸟类供一个安全的生存环境，将大天鹅自然保护区营造成一个大天鹅等珍稀鸟类栖息、觅食的家园。

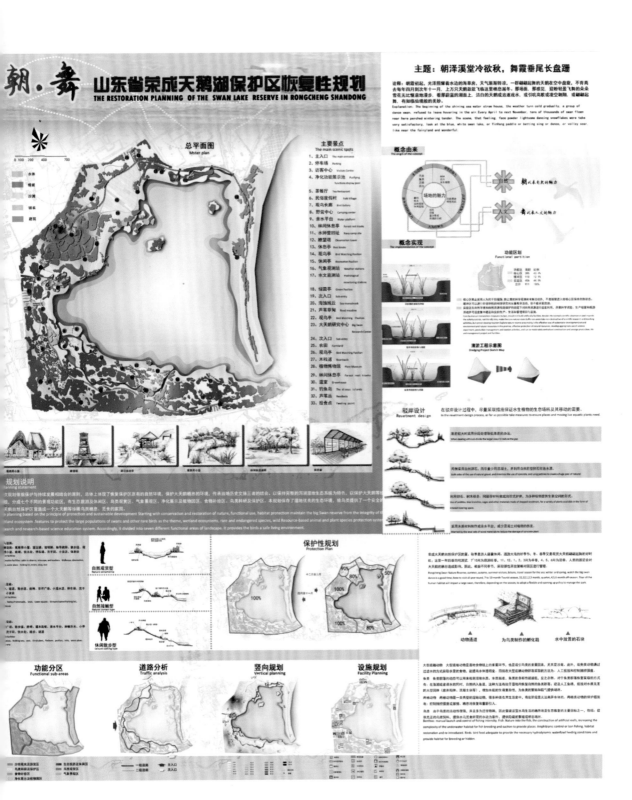

开往春天的地铁——地铁车站空间概念设计

学生姓名：刘保艳　唐双双　2007级
指导教师：汪　民

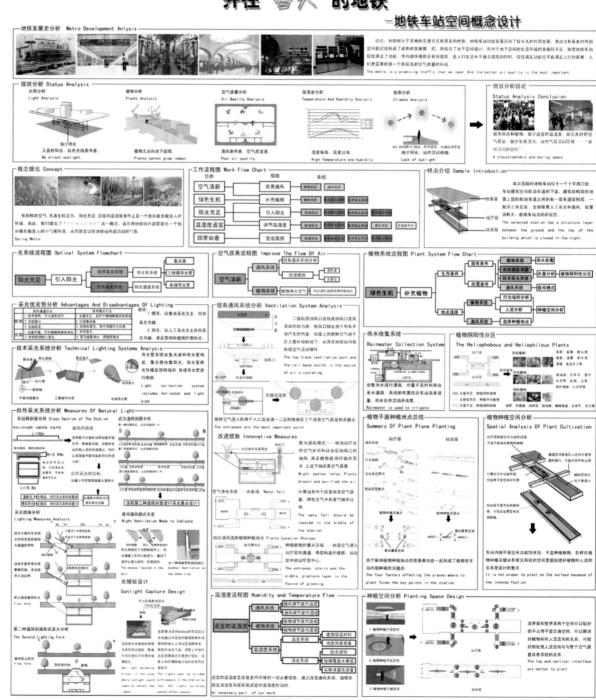

从"开往春天的地铁"概念出发，以改善通风、补充植物、引入阳光、调节温湿度、营造氛围等措施实现创造空气清新、阳光充足、温湿度适宜、四季如春的车站内部环境，提出了理想采光及通风模型。

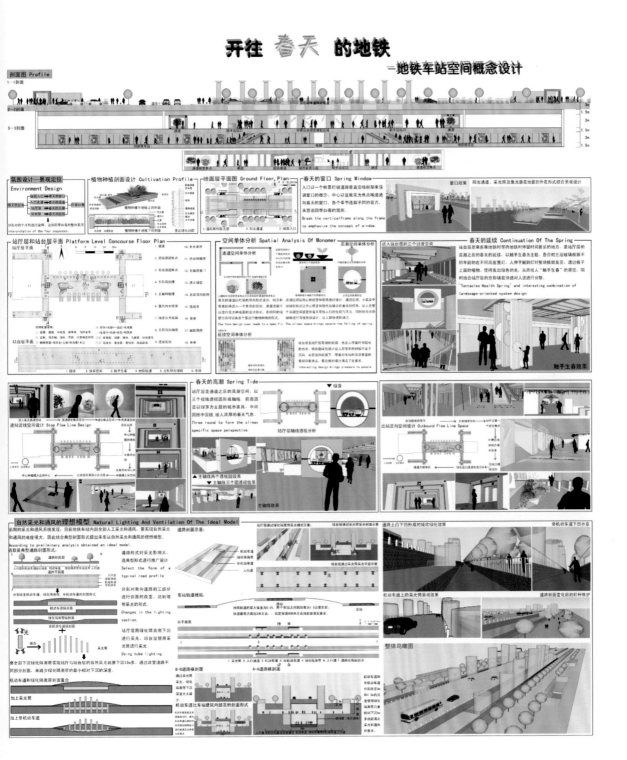

次生演替——武汉市东湖风景名胜区磨山村景区整治规划

学生姓名：马 戈 张 菲 雷 瑜 陈灿龙 李林蔚 2007级

指导教师：杜 雁 丁静蕾

　　基址总用地面积103公顷，是进入东湖磨山景区的门户，属于典型城景过渡型景中村。方案以东湖景区发展规划及其自资源为依托，以城市与景区连接为依据，采用人工干预方式，退耕还林，退耕还水，结合生态修复、产业转型和景区更，将城市文化、市民活动与创意产业引入场地，赋予场地精神与活力。

武汉轻轨一期历史街区保护与利用规划

学生姓名：周诗雅　高婧婕　纪　圆　2007级

指导教师：夏　欣

城市肌理的变化
Urban Texture Evolvement

汉口里份：初期（1861-1910）：早在唐朝时，武汉就有了里分的称呼，每25户或100户即称作"里"，"分"则是出于武汉的方言，意为小范围的居住区域。

中期（1911-1937）：随着汉口经济的迅速复苏，汉口再次掀起了建房热潮。

后期（1938-1949）：没有任何里分的兴建，房屋被破坏（炸毁和拆毁）7515栋，棚户区大量出现。

汉口租界：1861年，最先在汉口设立的是英租界。随后1861年-1898年，德、俄、法、日先后在汉口设立租界区。

1917年3月14号，德租界第一个归还，随后1917年-1945年，俄、英、法、日归还租界并设立特别区。

现在的租界组，虽然建筑都巍然屹立，但早已移作他用，或政府或银行，或会馆或酒吧。

空间句法分析
Space syntax analysis

集成轴线与区域交通发展模式
区域的集成轴线从沿汉江发展到沿长江和汉江发展，再到沿江发展与垂直于江的发展相结合，表明该区域的交通发展模式主要为沿江和垂直于江的发展，并逐步向西北方向渗透。

局部集成度与空间结构特征
区域局部集成度普遍较高，表明该区域人流量较大，且分布较为均匀。同时，区域内大部分的街道深度值较高，表明这些街道使用的便捷性较高，通视程度较好。

街道发展模式分析
Street Development Model Analysis

不同时期历史街道的发展
Historical Street Development in Various Periods

汉水改道-汉口开埠　　　汉口开埠-武汉解放　　　1949武汉解放至今

码头沿河自西向东依次延伸，房屋堪坊以码头为导向，沿河延绵展开，道路平行河道而下，形成河街，河街形成后，人口稠密，房屋逐向着地发展，由河街发展到正街，来龙，明崇祯八年（1635年）汉阳通判袁焴主持，在汉口筑一酒长堤，居民沿堤筑屋居住，经年累月，堤岸逐渐成成道路，称为长堤街。

随着汉口的开埠通商，京汉大道，中山大道，交通路，花楼街，统一街，黄陂街，江汉路，车站路等主要道路逐步发展起来，形成了书店文化，车站文化，里份文化，码头文化，商业文化以及中西文化的融合。

京汉大道将汉江下从铁路变为公路，再在公路之上修建轻轨的过程，其他由此影响到期发展和旁的历史街区自解放大道，前进四路，民权路，民生路，民族路等，随着经济的发展，历史街区的形成原则也将慢慢消失。

大智门火车站
1903年大智门火车站建成

1991年10月1日，新的汉口火车站建成，大智门火车站停止使用

2001年6月25日，大智门火车站入第五批全国重点文物保护单位名单

2006年5月底，大智门火车站检修，改建成武汉市第一个铁路陈列馆

汉正街
武汉早期商业的命脉，汉口历史上最早的中心街道，自古就有"天下第一街"之美誉

新中国成立后，汉正街小商品市场曾一度停歇

1979年9月，武汉市政府批准，重新恢复、开放汉正街小商品市场

搞好汉正街整治工作，成片开发，改变商居混杂，市场混乱的状况

江汉路
江汉路自沿江大道至花楼街前街，曾是清末英租界的"洋街"

战伤未愈的江汉路，只有几家商店零星开业，砌石遍地，凹凸不平的街道两旁尽是残墙断壁

80年代中期，江汉路再现人山人海的景象。1985年，江汉路获得"全国商业文明街"称号

2000年2月，市政府投资9000万元，江汉路改造成全国最长的步行街

花楼街
自清朝起，茶肆酒楼、会馆戏园、食杂百货、金号当铺在花楼街的临界巷道星罗棋布、鳞次栉比

现在的花楼街居住环境差，剩下的基本上都是老人和经济状况不好的人

花楼街下段被大规模拆除，一部分融入江汉路步行街

自1992年，花楼街商务新区成为中山大道核心商圈的组成内容，生成北里将被建成街头博物馆

　　以武汉市轻轨一号线（原京汉铁路汉口段）为骨架，通过联系汉口历史街区的绿色慢行系统的建立，引导历史街区的合理保护与更新。"路的嬗变"不仅指交通方式的改变，更代表了一种新的城市增长方式和对历史的认知与传承的渐进过程，力图追求历史与现实共存，文化与物质共荣的新境界。

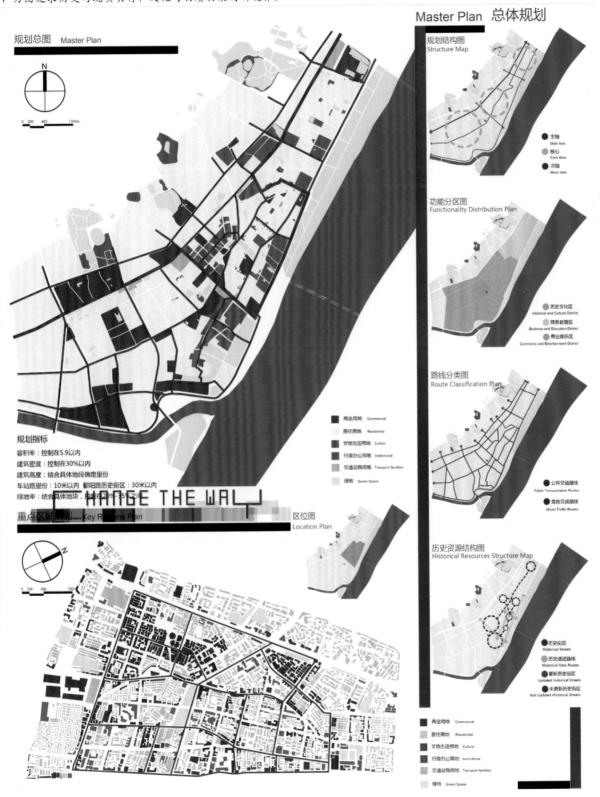

规划总图 Master Plan

N

0 200 800 1300m

规划指标

容积率：控制在5.9以内
建筑密度：控制在30%以内
建筑高度：结合具体地段确定里份
车站路里份：10米以内 郧阳路历史街区：30米以内
绿地率：结合具体地块，控制在39.55%之间

C H A N G E   T H E   W A Y

重点区域规划 Key Regions Plan

N

0 100 200 700m

Master Plan 总体规划

规划结构图 Structure Map

- 主轴 Main Axis
- 核心 Core Area
- 次轴 Minor Axis

功能分区图 Functionality Distribution Plan

- 历史文化区 Historical and Cultural District
- 商务教育区 Business and Education District
- 商业娱乐区 Commerce and Entertainment District

路线分类图 Route Classification Plan

- 公共交通路线 Public Transportation Routes
- 混合交通路线 Mixed Traffic Routes

历史资源结构图 Historical Resources Structure Map

- 历史街区 Historical Streets
- 历史通廊路线 Historical Sites Routes
- 更新历史街区 Updated Historical Streets
- 未更新历史街区 Not Updated Historical Streets

区位图 Location Plan

- 商业用地 Commercial
- 居住用地 Residential
- 文物古迹用地 Culture
- 行政办公用地 Institutional
- 交通设施用地 Transport facilities
- 绿地 Green Space

- 商业用地 Commercial
- 居住用地 Residential
- 文物古迹用地 Culture
- 行政办公用地 Institutional
- 交通设施用地 Transport facilities
- 绿地 Green Space

143

方城净土·源岛林台——武汉市新洲区天堂文化生态园规划设计

学生姓名：张 炜 刘冬冬 温 义 许 陈 2007级
指导教师：吴雪飞

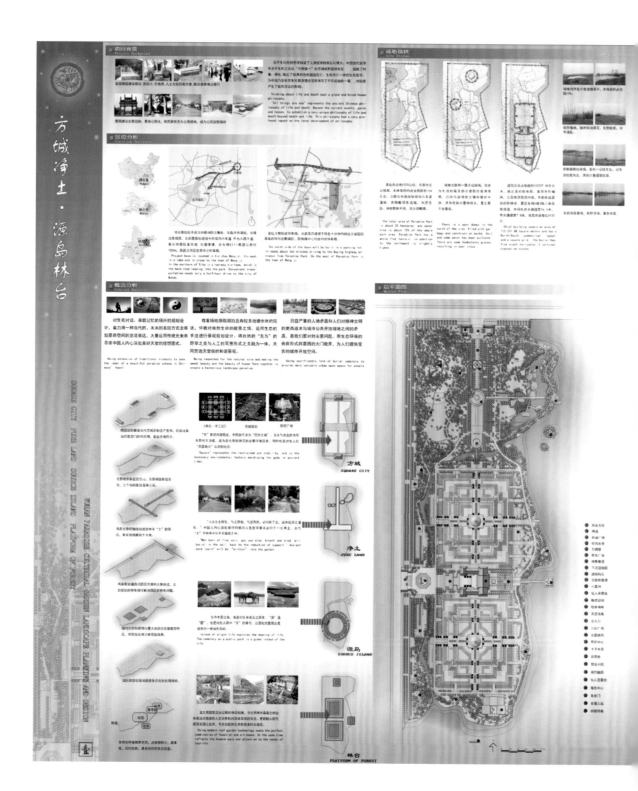

　　根据场地建筑形制，整体采用"城"的布局模式，由中央神道区和中心祭祀区统率全园，西北部为树葬和草坪葬区，　部为花海湿地区和滨水景观带，地宫顶部为生态环保型屋顶花园。地宫墓葬区和文化祈福带有多个传统韵味的纪念空，引人追思怀远，在宁谧中体会生命的意义。

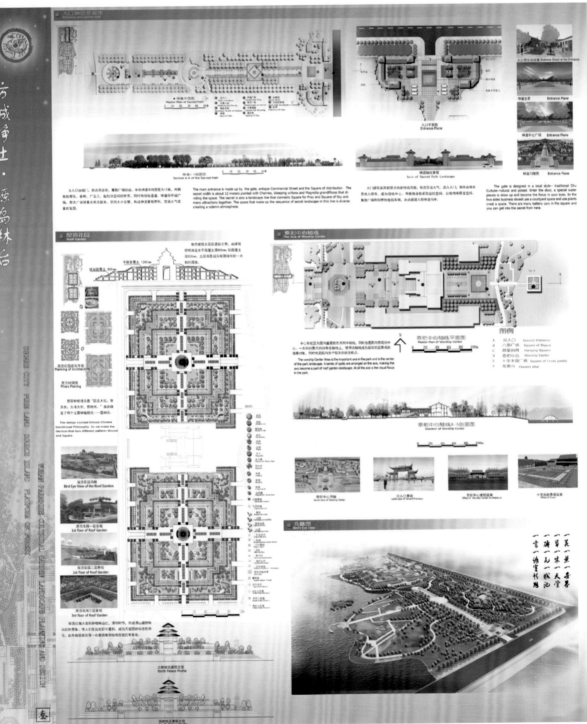

洪湖岸边是家乡——洪湖金湾湿地生态观光区规划设计

学生姓名：张　丹　王　莉　许　杰　2007级
指导教师：杨　璐

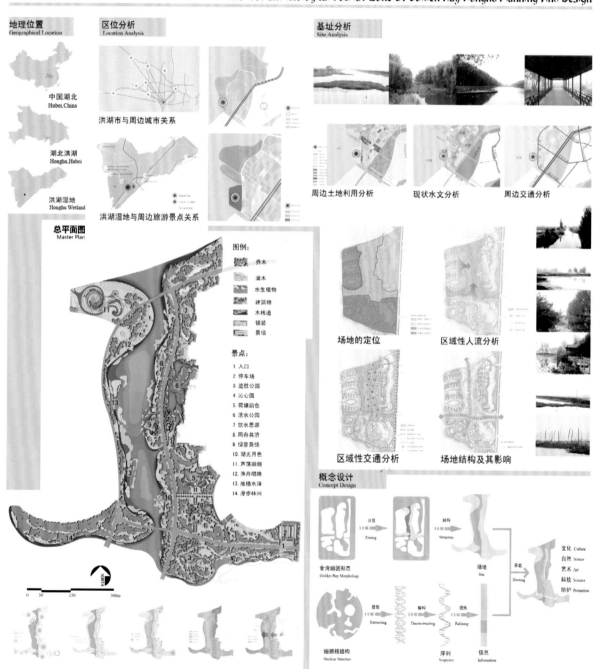

　　金湾旅游服务区位于洪湖东岸，交通便利，旅游资源丰富。湿地生态观光区是金湾组成的核心，通过东西向、南北向绿色走廊使城市与洪湖实现生态联通。设计以"水"为骨架和灵魂，以形态各异的水体为载体，将文化、自然、艺术、技、生态融入各功能区，创造多样的游赏体验。

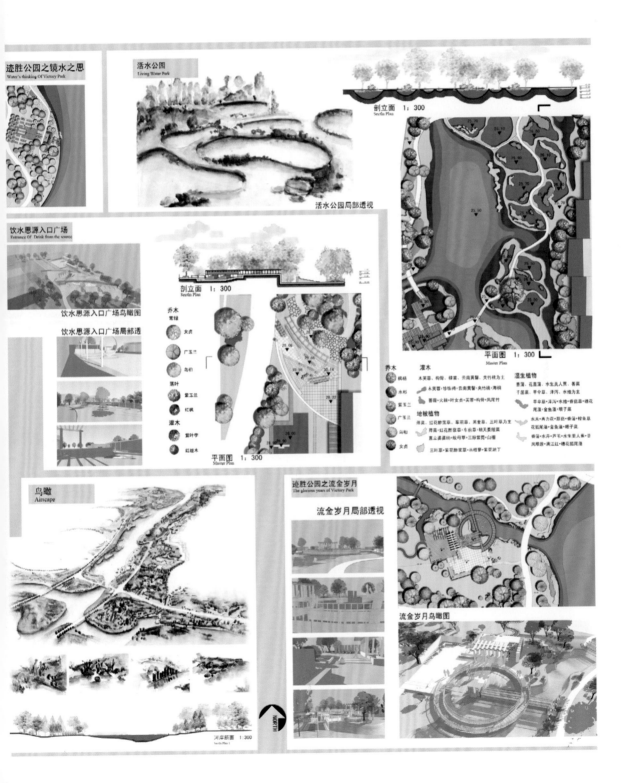

湖北省钟祥市楚文化创意村规划

学生姓名：汤晗林　伍婷婷　杜舒婷　2007级
指导教师：李　松

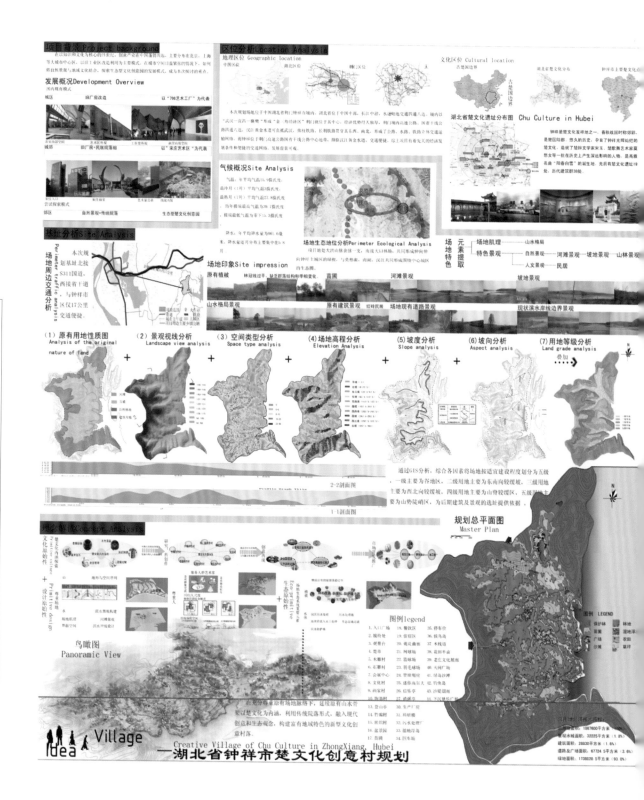

Creative Village of Chu Culture in ZhongXiang, Hubei
湖北省钟祥市楚文化创意村规划

根据场地肌理、空间界面，利用植被、水体，提出"一轴一带十村多景点"的规划结构，将园区分为创意区、综合服务区、产业区、滨水生态区、植被保护区，融入楚文化中的文学、绘画、楚乐、陶、铜创作、编织、石雕、木雕、漆器等元素建造特色创意文化村。

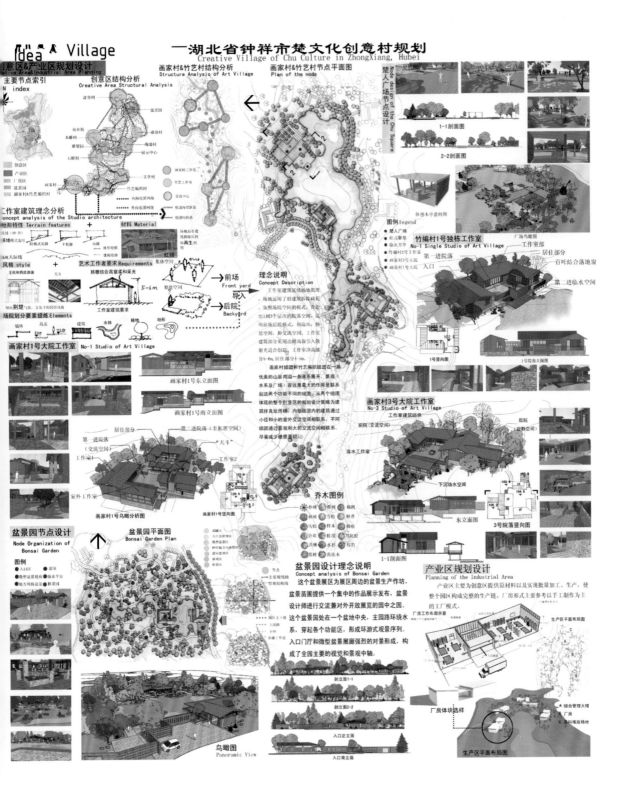

埜·两生花——贵州百里杜鹃风景区花卉产业示范园规划与设计

学生姓名：赵 烨 吕 笑 昂济飞 吴 楠 胡 玥 2008级
指导教师：杜 雁 高 翅

基址群山环绕，为典型的喀斯特地貌。定位为集种质资源保育创新、新品种选育研发、园林应用与现代技术集成示、名优花木交易、花卉主题旅游与文化交流于一体的综合型花卉产业园。提取地形中"山、水、土"的元素构成，提出"垄两生花"的规划概念，形成了"一心两轴六节点"的规划结构。

湄·跨越时空的"骑·驿"——基于草原丝绸之路文化线路（元上都至元中都段）的绿道概念规划

学生姓名：吴佳雨　周　盼　陶丹凤　颜海琛　2008级

指导教师：杜　雁　阴帅可

以文化线路关联性和生态敏感性策略将草原丝绸之路元上都至元中都段，规划跨越两省五个城镇、全长约240千米的区域级绿道，兼具生态保护、历史遗产保护、休闲游憩等功能。

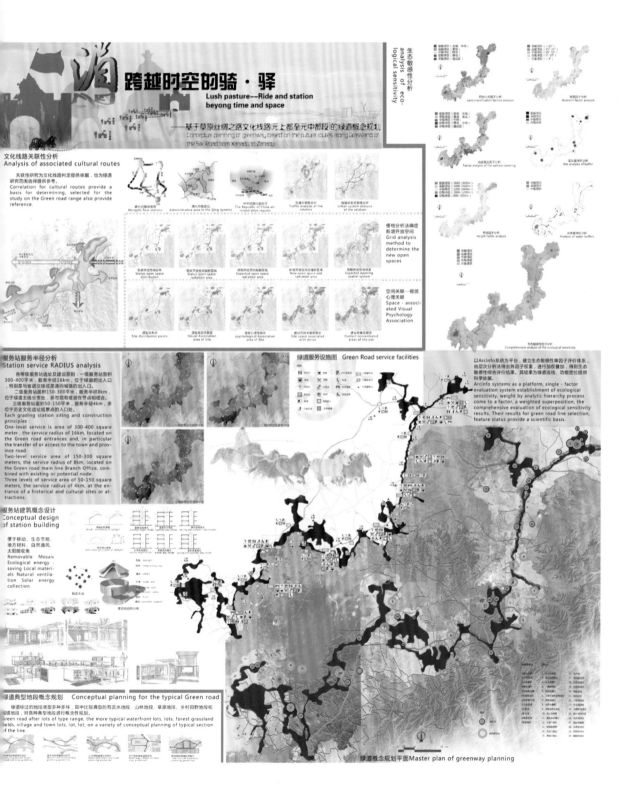

跨越时空的骑·驿
Lush pasture---Ride and station beyond time and space
——基于草原丝绸之路文化线路元上都至元中都段的绿道概念规划
Conceptual planning of greenway, based on the cultural routes along Grassland of the Silk Road from Xanadu to Zanadu

文化线路关联性分析
Analysis of associated cultural routes

关联性研究为文化线路判定提供依据，也为绿道研究范围选择提供参考。
Correlation for cultural routes provide a basis for determining, selected for the study on the Green road range also provide reference.

蒙古四驿站分布 Mongolia four stations
清代行政区 Administrative area in the Qing dynasty
中华民国行政区 The Republic of China administrative regions
交通水系联系分析 Traffic analysis of the relation
城镇体系关系分析 Urban system analysis of the relation

网格分析法确定新增开放空间
Grid analysis method to determine the new open spaces

现状开放空间分布 Status open space distribution
现状开放空间辐射范围 Status open space radiation area
预期开放空间辐射范围 Expected open space radiation area
新增开放空间和都市系统 New open space and radiation spatial system
预期开放空间系统 Expected opening spatial system

空间关联-视觉心理关联
Space - associated Visual Psychology Association

遗址分布点 Site distribution points
遗址视觉关联范围 Visual Association area of Site
遗址心理关联范围 psychological Association area of Site
遗址空间关联城镇联系 Site space associated with dense
遗址集聚区联系 Contact concentrated areas of the site

土地分类因子分析 Land classification factors analysis
坡度因子分析 Gradient factor analysis
地表覆盖因子分析 Factor analysis of the surface covering
区域缓冲因子分析 Site Analysis of buffer
高程因子分析 Height factor analysis
水系缓冲分析 Analysis of water buffers

生态敏感性综合分析
Comprehensive analysis of the ecological sensitivity

服务站服务半径分析
Station service RADIUS analysis

各等级服务站选址与建设原则：一级服务站面积300-400平米，服务半径16km，位于绿道的出入口，特别是与省道连接或是通向城镇的出入口。二级服务站面积150-300平米，服务半径8km，位于绿道主线分支处，多与现有或潜在节点相结合。三级服务站面积50-150平米，服务半径4km，多位于历史文化遗址或景点的入口处。

Each grading station siting and construction principles：
One-level service is area of 300-400 square meter, the service radius of 16km, located on the Green road entrances and, in particular the transfer of o access to the town and province road.
Two-level service area of 150-300 square meters, the service radius of 8km, located on the Green road main line Branch Office, combined with existing or potential node.
Three levels of service area of 50-150 square meters, the service radius of 4km, at the entrance of a historical and cultural sites or attractions.

服务站建筑概念设计
Conceptual design of station building

便于移动、生态节能、地方材料、自然通风、太阳能收集
Removable Mosaic Ecological energy-saving Local materials Natural ventilation Solar energy collection

绿道典型地段概念规划 Conceptual planning for the typical Green road

绿道经过的地段类型多种多样，其中比较典型的有滨水地段、山林地段、草原地段、乡村田野地段和城镇地段，对各种典型地段进行概念性规划。
Green road after lots of type range, the more typical waterfront lots, lots, forest grassland fields, village and town lots, lot, lot, on a variety of conceptual planning of typical section of the line.

绿道服务设施图 Green Road service facilities

以Arcinfo系统为平台，建立生态敏感性单因子评价体系，由层次分析法得出各因子权重，进行加权叠加，得到生态敏感性综合评价结果，其结果为绿道选线、功能定位提供科学依据。
Arcinfo systems as a platform, single - factor evaluation system establishment of ecological sensitivity, weight by analytic hierarchy process come to a factor, a weighted superposition, the comprehensive evaluation of ecological sensitivity results. Their results for green road line selection, feature status provide a scientific basis.

绿道概念规划平面 Master plan of greenway planning

153

柳岸人家——广西区柳州市莲花山片区都市农业生态观光园概念设计

学生姓名：陈赟皓　王佩佩　程　千　2008级

指导教师：刘倩如

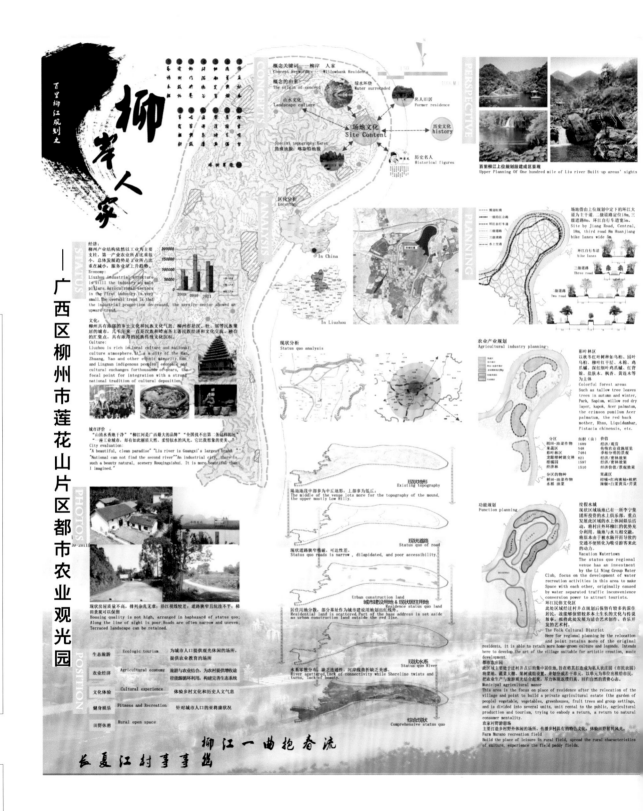

　　基址位于百里柳江景观轴线的重要节点。方案力图基于可持续规划设计理念，发掘场地喀斯特地貌的观赏价值，延续地名人故居的历史文脉，规划旅游业，塑造人与环境和谐共存的旅游地。

—广西区柳州市莲花山片区都市农业观光园

边缘空间、记忆再现——历史街区边缘空间形态研究

学生姓名：陈文嘉　黄静宜　周　怡　2008级
指导教师：朱春阳

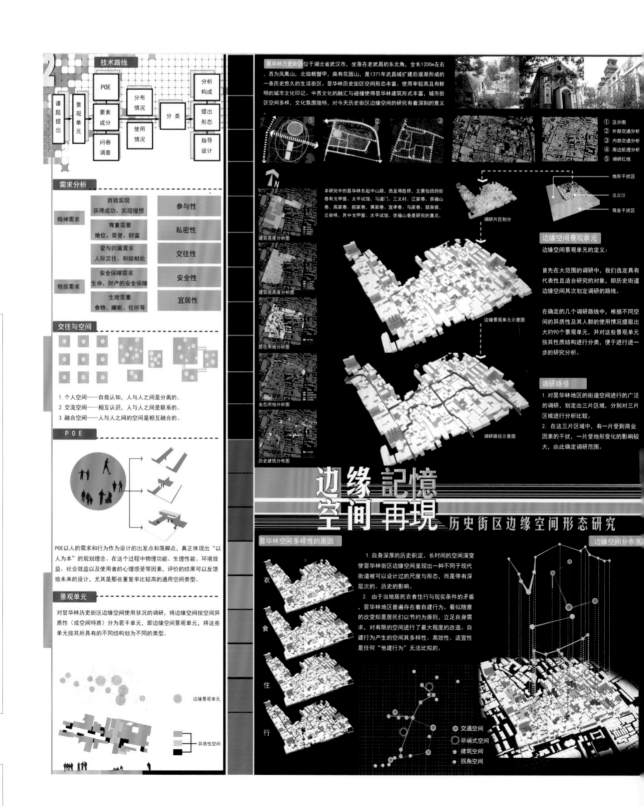

以武汉昙华林历史生活街区的边缘空间为研究对象，以边缘空间单元为主要研究手法，以人的行为模式与空间需求为出发点，对生活街区边缘空间进行分类，分析了空间要素、空间尺度及使用者行为与不同空间类型的相互关系。

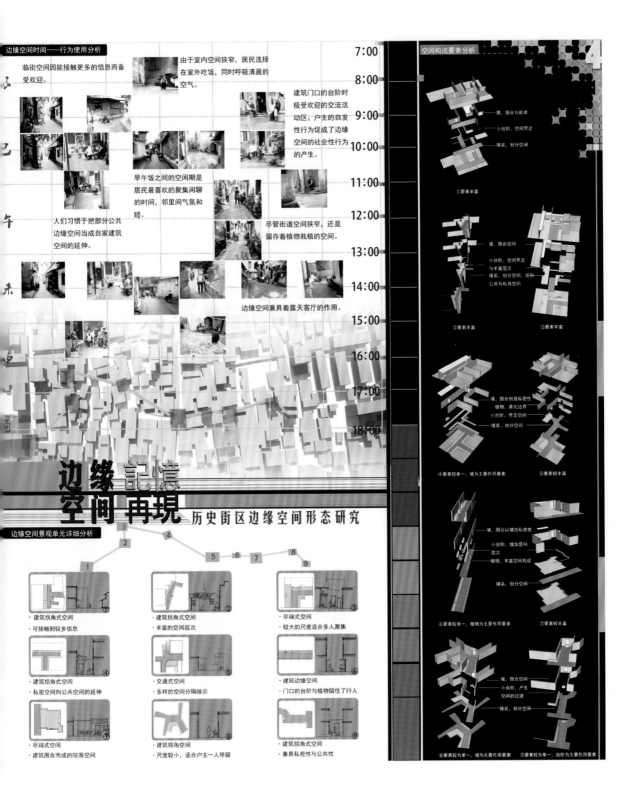

边缘空间时间——行为使用分析

临街空间因能接触更多的信息而备受欢迎。

由于室内空间狭窄，居民选择在室外吃饭，同时呼吸清晨的空气。

建筑门口的台阶时极受欢迎的交流活动区；户主的自发性行为促成了边缘空间的社会性行为的产生。

早午饭之间的空闲期是居民最喜欢的聚集闲聊的时间，邻里间气氛和睦。

人们习惯于把部分公共边缘空间当成自家建筑空间的延伸。

尽管街道空间狭窄，还是留存着植物栽植的空间。

边缘空间兼具着露天客厅的作用。

边缘 记忆 空间 再现 历史街区边缘空间形态研究

边缘空间景观单元详细分析

- 建筑拐角式空间
- 可接触到较多信息

- 建筑拐角式空间
- 丰富的空间层次

- 尽端式空间
- 较大的尺度适合多人聚集

- 建筑拐角式空间
- 私密空间向公共空间的延伸

- 交通式空间
- 多样的空间分隔暗示

- 建筑边缘空间
- 门口的台阶与植物留住了行人

- 尽端式空间
- 建筑围合而成的院落空间

- 建筑拐角空间
- 尺度较小，适合户主一人停留

- 建筑拐角式空间
- 兼具私密性与公共性

空间构成要素分析

①要素丰富

墙，围合与韵律
小台阶，空间界定
铺装，划分空间

②要素丰富

墙，围合空间
小台阶，空间界定与丰富层次
铺装，划分空间，区分公共与私有空间

③要素丰富

墙，围合创造私密性
植物，柔化边界
小台阶，界定空间
铺装，划分空间

④要素较单一，墙为主要作用要素

⑤要素较丰富

墙，围合以增加私密感
小台阶，增加竖向层次
植物，丰富空间构成
铺装，划分空间

⑥要素较单一，植物为主要作用要素

⑦要素较丰富

墙，围合空间
小台阶，产生空间的过渡
铺装，划分空间

⑧要素较为单一，墙为主要作用要素

⑨要素较单一，台阶为主要作用要素

武汉园博园选址项目概念规划—— "抟花融景 复鼓呈山"

学生姓名：郝思嘉 汪 安 孟晓东 谢 鸣 2008级
指导教师：秦仁强 江 岚

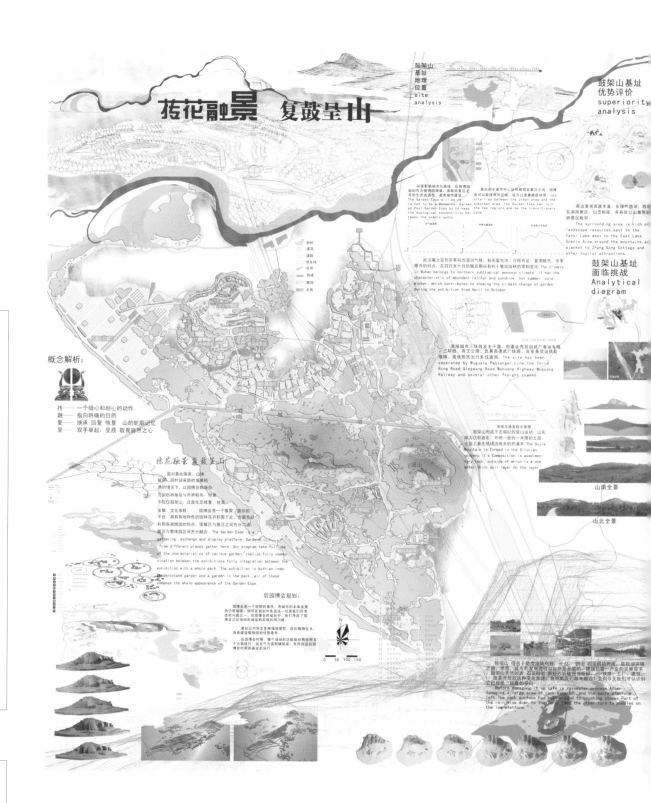

利用"鼓架山"的显著特质，针对其山体严重破坏的状况，依据场地历史文脉，旨在恢复被破坏的生态系统与场所精，并赋予其更多的、符合园博园要求的功能和意义。

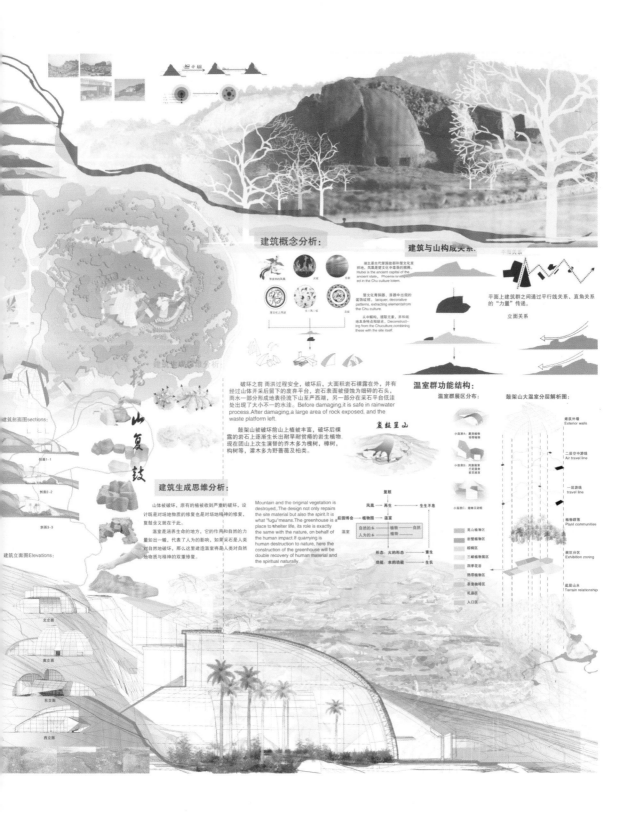

土地的重生之旅——二妃山垃圾填埋场概念规划

学生姓名：付稚青　张冬丽　朱晓婷　邱义山　2009级

指导教师：王　玏

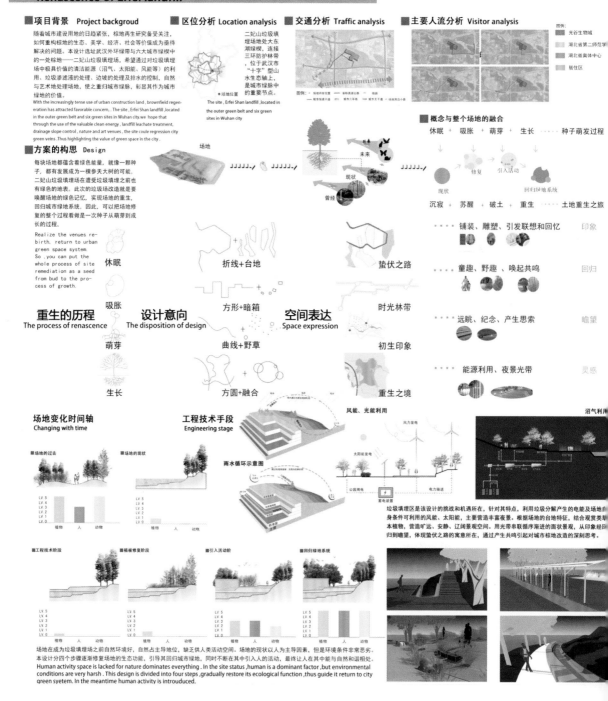

　　基址为武汉外环绿带与六大城市绿楔中的一处棕地——二妃山垃圾填埋场，方案确立了"土地的重生之旅"的概念，出垃圾填埋场中清洁能源（沼气、太阳能、风能等）的利用、垃圾渗滤液的处理、边坡的处理及排水的控制，自然与艺地处理场地，使之重归城市绿脉，彰显其城市绿地价值。

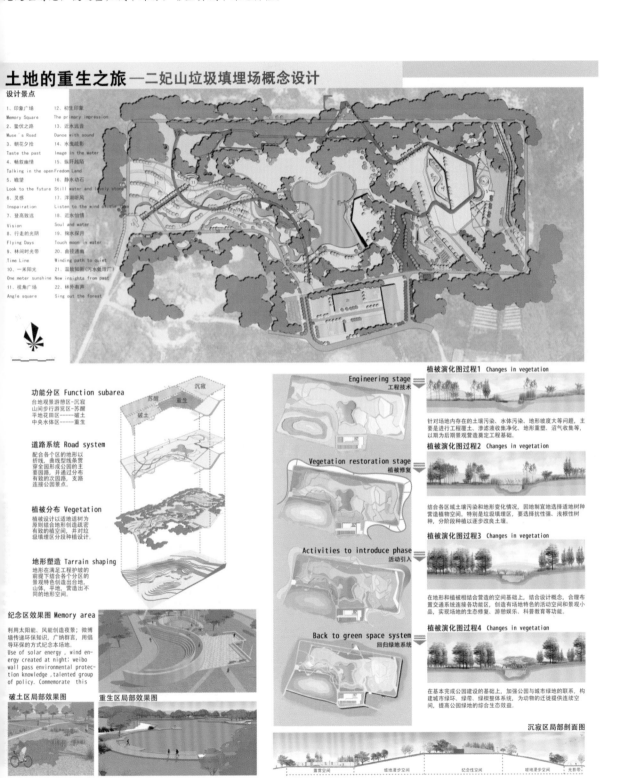

土地的重生之旅——二妃山垃圾填埋场概念设计

设计景点

1. 印象广场　12. 初生印象
Memory Square　The primary impression
2. 垫伏之路　13. 近水巡音
Muse's Road　Dance with sound
3. 朝花夕拾　14. 水色涟影
Taste the past　Image in the water
4. 畅叙幽情　15. 纵杆越陌
Talking in the open Fredom Land
5. 瞭望　16. 静水动石
Look to the future　Still water and lovely stone
6. 灵感　17. 泽湖听风
Inspairation　Listen to the wind of the lake
7. 登高致远　18. 近水俏情
Vision　Soul and water
8. 行走的光阴　19. 掬水探月
Flying Days　Touch moon in water
9. 林间时光带　20. 曲径通幽
Time Line　Winding path to quiet
10. 一米阳光　21. 温故知新（污水处理厂）
One meter sunshine　New insights from past
11. 视角广场　22. 林外森声
Angle square　Sing out the forest

功能分区 Function subarea
台地观景游憩区-沉寂
山间步行游憩区-苏醒
平地花田区——破土
中央水体区——重生

道路系统 Road system
配合各个区的地形以折线、曲线型线条贯穿全园形成公园的主要园路，再通过分布有致的次园路，支路连接公园景点。

植被分布 Vegetation
植被设计以适地适树为原则结合地形创造疏密有致的植空间，并对垃圾缝段分段种植设计。

地形塑造 Tarrain shaping
地形在满足于工程护坡的前提下结合各分区的景观特色创造出台地，山体，平地，营造出不同的地形空间。

纪念区效果图 Memory area
利用太阳能、风能创造夜景；微博墙传递环保知识，广纳群言，用倡导环保的纪念本场地。
Use of solar energy, wind energy created at night; weibo wall pass environmental protection knowledge, talented group of policy. Commemorate this

破土区局部效果图
重生区局部效果图

Engineering stage 工程技术
植被演化图过程1 Changes in vegetation
针对场地内存在的土壤污染、水体污染、地形坡度大等问题，主要是进行工程覆土、渗滤液收集净化、地形重塑、沼气收集等，以期为后期景观营造奠定工程基础。

Vegetation restoration stage 植被修复
植被演化图过程2 Changes in vegetation
结合各区域土壤污染和地形变化情况，因地制宜地选择适地树种营造植物空间，特别是垃圾填埋区，要选择抗性强、浅根性树种，分阶段种植以逐步改良土壤。

Activities to introduce phase 活动引入
植被演化图过程3 Changes in vegetation
在地形和植被相结合营造的空间基础上，结合设计概念，合理布置交通系统连接各功能区，创造有场地特色的活动空间和景观小品，实现场地的生态修复、游憩娱乐、科普教育等功能。

Back to green space system 回归绿地系统
植被演化图过程4 Changes in vegetation
在基本完成公园建设的基础上，加强公园与城市绿地的联系，构建城市绿环、绿带、绿楔整体系统，为动物的迁徙提供连续空间，提高公园绿地的综合生态效益。

沉寂区局部剖面图

彩溢西兰——湖北省恩施市沙河滨水绿地概念规划

学生姓名：杨昊天 都成林 王双双 2009级
指导教师：章 莉

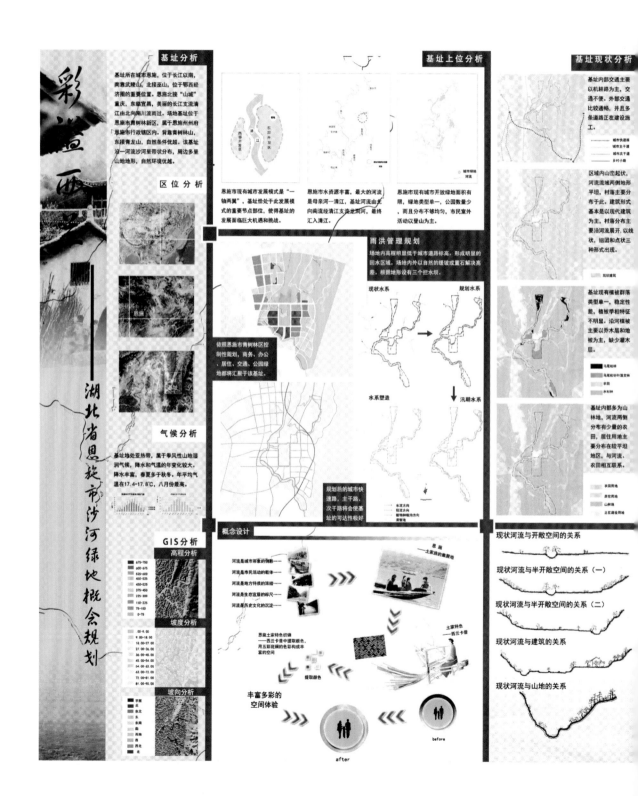

重点关注基址山峦起伏、溪水缠绕的自然特征及生活汉化、文化缺失的人文弊端，综合城镇化发展、雨水资源再利用因素，将恩施新城区沙河滨水绿地规划为自然风景区、康体休闲区、中央风情区、都市活力区、生态休闲区，为新城区建具有地域特色的绿色滨水空间。

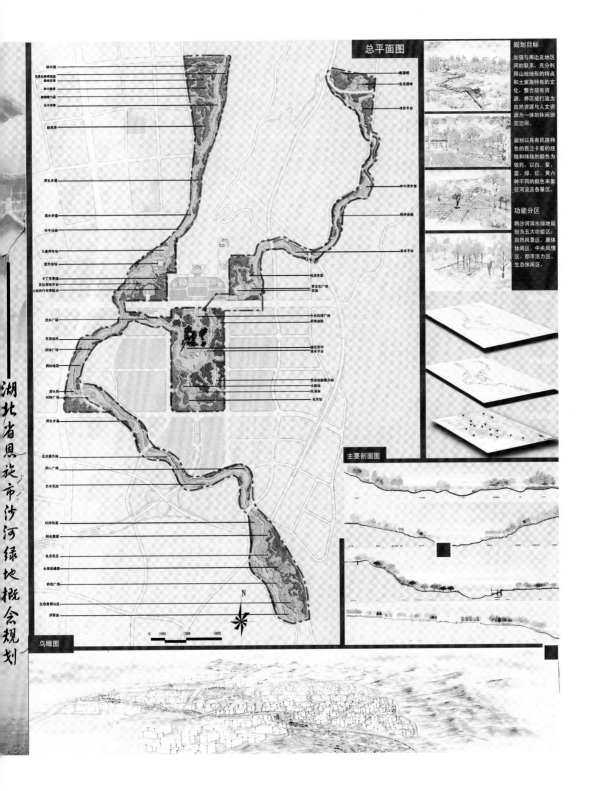

后　记

华中农业大学风景园林专业秉承陈俊愉、余树勋、陈植（养材）、鲁涤非等老一辈园林学家的优良传统，以培养"基础宽宏、专业精谐、个性鲜明"的卓越风景园林人才为己任，毕业生良好的职业操守与综合素质、实践创新能力和追求卓越的精神风貌赢得了业界的认同与赞誉。

某种意义上说，此次集选出版的《华中农业大学学生风景园林作品集》可以折射出华农景园人教与学不断探索的心路历程。衷心感谢教学相长的所有华农景园人，没有你们在画室、设计室共同的孜孜以求，便没有本作品集的问世！还要向诸多校友表示深深的歉意，许多早期优秀作品因教学档案历经多次搬迁、辗转等故，保存状态不佳而不能出现在本作品集中，所幸的是你们追求卓越的精神得到了传承！

本书的编纂出版是华中农业大学风景园林系全体教师共同努力的结果。系务委员会全体成员集体讨论作品集的定位与大纲，各教研室主任（美术教研室秦仁强、建筑与工程教研室张健、设计教研室杜雁、规划教研室裴鸿菲）及时组织老师精心遴选作品、认真讨论书稿；作为本书的主编，高翅教授仔细审核每一件作品、推敲每一个页面；副主编秦仁强副教授，为完成本书的全部编排工作牺牲了整个暑假；系办公室叶莺老师积极联络各方，远在美国的副系主任张斌教授也时时牵挂进展；研究生吴培青、陈赞皓、李永胜、夏祖煌、向上、昂济飞、孙歆韵、吕笑、徐瑶、王惠琼、滕路玮、谢梦兰等为图文编排做了大量的协助性工作，中国建筑工业出版社高度重视本书的出版，郑淮兵主任提供了许多编辑和出版方面的指导；武汉华农大园林规划设计有限公司鼎力相助……需要表达谢意者众，绝非几页纸所能，正是得益于大家的努力和支持，才确保了成书和质量，在此一并致以诚挚的谢意！

华中农业大学风景园林系系主任

吴雪飞

2013.9.18于景园楼